Claas Mähdrescher-Prospekte von 1934 bis heute

Verlag Walter Podszun
Elisabethstraße 23–25, D-59929 Brilon
eMail: podszun.Verlag@t-online.de
Herstellung Druckhaus Cramer, Greven
ISBN 3-86133-188-8

Rudi Heppe

Mähdrescher

Prospekte von 1934 bis heute

PODSZUN

Vorwort

Einzigartig ist die Geschichte des Mähdreschers in der Landtechnik. Keine Maschine hat ein Ernteverfahren so revolutionär verändert wie der Mähdrusch. Der Siegeszug der Methode „einmal drüber – alles vorüber“ begann in Europa vor mehr als sechzig Jahren. Den Grundstein legte das Unternehmen Claas aus dem westfälischen Harsewinkel. Firmengründer August Claas gilt als der „Vater des europäischen Mähdreschers“. Seit mehr als sechs Jahrzehnten zählt das Unternehmen zu den Marktführern im Bereich der Erntemaschinen.

Der Wandel in der Technik vom gezogenen Mähdrescher mit angehängtem Kaff-Wagen bis hin zum High-Tech Ernteriesen unserer Tage läßt sich eindrucksvoll mit Prospekten darstellen. Die illustrierten Werbeträger sind nicht auf die Augenblickwirkung aus, sondern verlangen, daß sich der Interessent vertieft. Wie kaum ein anderes Medium spiegeln die aufwendig gestalteten Prospekte den Zeitgeist wider und geben Auskunft über die technische Weiterentwicklung und die Veränderung der Arbeitsbedingungen. In der Anfangszeit mußten Prospekte besondere Überzeugungsarbeit leisten, da die Landwirtschaft dem neuen Ernteverfahren zunächst ablehnend gegenüberstand. Aufwending gestaltete Grafiken erläuterten eingehend den Ablauf.

Mit der Vorstellung des selbstfahrenden Mähdreschers begann – wenn auch zögerlich – der Übergang zum Ein-Mann-Betrieb in der Getreideernte. Der Absackstand trat in den Hintergrund. Mit dem Korntank wurde das Getreide zum Schüttgut. Verbesserte und vergrößerte Dreschwerke ermöglichten größere Schnittbreiten und rationelleres Arbeiten.

Die Arbeitsbedingungen auf dem Führerstand des Mähdreschers haben sich in den vergangenen Jahrzehnten grundlegend geändert. Bis zu Beginn der achtziger Jahre war der Fahrer dem Lärm und Staub ungehindert ausgesetzt. Mit der Kabine wurde der Arbeitsplatz des Fahrers zur Kommandobrücke ausgebaut. Zusätzlich wird das Ernteverfahren mit Unterstützung der Elektronik optimiert.

Die ausgewählten Original-Prospekte stammen zum größten Teil aus dem Besitz des Verfassers. Weitere konnten aus den Sammlungen von Dieter Becker (Borchen), Albert Karte (Brilon), Gilbert Kremer (Heidweiler) sowie von der CLAAS KGaA (Harsewinkel) entliehen werden.

Foreword

The history of the combine harvester is unique in agriculture. No other machine has revolutionised harvesting so much. The successful advance of the "go over it once and it's done" method began in Europe more than sixty years ago. The foundation stone was laid by the firm of Claas from Harsewinkel in Westphalia. The company's founder, August Claas, is regarded as the "father of the European combine harvester". The company has been a market leader in the area of harvest machinery for over six decades.

The technological evolution from the trailed combine harvester with its chaff attachment to today's high-tech giants of the harvest is strikingly illustrated by the company brochures. These illustrated advertising media are not just designed for immediate effect, but are worth a closer look. Lavishly produced, they directly reflect the spirit of the times in a way no other advertising medium can, telling us a lot about technical developments and changing working conditions. In the early days, advertising brochures were designed to win round farmers still reluctant to adopt the new method. Sophisticated graphics explained in detail how the new harvesting technique worked. The launch of the self-propelled combine harvester marked the (albeit slightly hesitant) start of the changeover to one-man operation in grain harvesting. The bagging stand faded into the background. With the advent of the grain tank, cereals became bulk goods. Larger, improved threshing mechanisms made bigger cutting widths and more efficient operation possible.

Working conditions in the driving seat of the combine harvester have changed enormously over the past decades. Until the early eighties, the driver was at the mercy of noise and dust. The introduction of the cab turned the driver's post into a command centre. Harvesting is now also further optimised with the assistance of electronics, with the operator forming the vital interface between man and machine.

Most of the selected brochures are from the author's collection. The rest are on loan from the collections of Dieter Becker (Borchen), Albert Karte (Brilon), Gilbert Kremer (Heidweiler) and CLAAS KGaA (Harsewinkel).

Avant-propos

La moissonneuse-batteuse occupe une place à part dans l'histoire de la technologie agricole et aucune autre machine n'a autant révolutionné les méthodes de récolte. C'est dans les années 30 qu'a commencé en Europe la marche triomphale de la méthode «une passe, c'est tout», dont les bases ont été posées par Claas, une entreprise de Harsewinkel en Westphalie. August Claas, le fondateur de la société, est considéré comme le «père de la moissonneuse-batteuse européenne». Il y a plus de soixante ans que Claas fait partie des principaux constructeurs de moissonneuses.
Il suffit de feuilleter des prospectus d'époque pour revivre les mutations techniques qui ont mené de la moissonneuse-batteuse tractée à remorque à balles et menues pailles aux gigantesques engins high-tech d'aujourd'hui. Ces supports publicitaires abondamment illustrés ne recherchent pas un impact immédiat, ils exigent une consultation approfondie de la part du lecteur. Plus que tout autre média, ces prospectus à la conception recherchée reflètent souvent l'esprit de leur temps et nous renseignent sur le progrès technique et sur l'évolution des conditions de travail.
Dans les débuts, les prospectus devaient encore déployer des trésors de persuasion car le monde agricole était encore sceptique vis-à-vis de cette nouvelle méthode. Les graphiques complexes expliquaient dans le détail les avantages de la nouvelle méthode de récolte.

Le concept de moissonneuse-batteuse automotrice est à l'origine du passage - très traînant toutefois - à la moisson des céréales par une seule personne, sonnant le glas de la plate-forme d'ensachage. Avec l'avènement de la trémie à grains, les céréales devenaient un produit en vrac. L'augmentation de la taille et des performances des organes de battage permettait d'augmenter la largeur de coupe et de travailler de façon plus rationnelle.
Au fil des dernières décennies, les conditions de travail des conducteurs de moissonneuses-batteuses ont radicalement changé. Jusqu'au début des années 80, le conducteur était encore exposé, sans aucune protection, au bruit et à la poussière. Équipé d'une cabine, le poste de conduite s'est transformé en véritable salle de commande. Par ailleurs, l'emploi de l'électronique permet d'optimiser la méthode de récolte et l'opérateur occupe désormais une position-clé entre l'homme et la machine.
La plupart des prospectus sélectionnés sont la propriété de l'auteur. D'autres documents proviennent de collections privées. Ils nous ont été prêtés par *Dieter Becker* (Borchen), *Albert Karte* (Brilon), *Gilbert Kremer* (Heidweiler) et par la société *CLAAS KGaA* (Harsewinkel).

Inhalt

MÄH-DRESCH-BINDER (M.D.B)	9	MERCATOR	73
M.D.B. – Typ „SUPER“	15	COMET	77
SUPER „JUNIOR“	19	COSMOS	83
SUPER „500“	23	CONSUL	87
HERCULES	27	GARANT	91
JUNIOR „5 1/2'“	29	PROTECTOR	95
S.F. (Selbstfahrer)	33	CORSAR	99
HUCKEPACK	37	COMPACT	103
COLUMBUS	39	DOMINATOR 80	107
EUROPA	41	DOMINATOR 76	109
MATADOR „GIGANT“	47	DOMINATOR 108 SL-98S/SL-88S/SL-78S	113
MATADOR „STANDARD“	51	DOMINATOR 98 SL MAXI /108 SL MAXI	118
MERCUR	55	MAXI	119
SUPER „AUTOMATIC“ – S –	59	COMMANDOR 228 CS	125
JUNIOR „AUTOMATIC“	63	MEGA 218-208-204-202	129
SENATOR	67	LEXION	137

Firmenchronik

1913 Am 8. April gründet August Claas in Clarholz (Westfalen) das Unternehmen.

1914 Durch die Aufnahme der Brüder Franz und Theo Claas wird der Firmenname in „Gebr. Claas" geändert.

1919 Übersiedlung nach Harsewinkel. In dem erweiterten Areal wird die Fertigung und Reparatur von Strohbindern aufgenommen.

1923 Claas erwirbt das erste deutsche Patent auf einen Knoterapperat zum rationellen Strohbinden. Dieser „Knoterhaken" wird später zum Claas-Firmenzeichen. Vier weitere Patente folgen noch in diesem Jahr.

1928 Auf Initiative von Prof. Karl Vormfelde, Direktor des Landtechnischen Instituts der Universität Bonn, wird durch das Reichskuratorium für Technik in der Landwirtschaft (RKTL) ein amerikanischer Mähdrescher in Deutschland zu Versuchszwecken eingesetzt. Die Prüfung endet mit der Feststellung, daß die Maschine für europäische Verhältnisse nicht geeignet sei.

1930 Auf Veranlassung von Prof. Vormfelde wechselt sein Assistent Dr. Walter Brenner zu Claas, um die Mähdrescherentwicklung „in Gang zu bringen".

1931 Die Vorstellung des Frontschneiders, ein „um den Schlepper gebauter" Versuchsmähdrescher, erweist sich als nicht ausgereifte Konstruktion. Die Vertreter der deutschen Landmaschinenindustrie legen nach der mißglückten Vorführung keinen Wert auf eine Weiterentwicklung. August Claas signalisiert mit den Worten: „Wenn die anderen nicht wollen, machen wir es", Prof. Vormfelde die Fortsetzung der Entwicklung.

1934 Fertigung der ersten Pick-up-Presse.

1935 Das Frontschneider-Projekt wird verworfen. Claas und Dr. Brenner beginnen mit der Konstruktion eines gezogenen Mähdreschers.

1936 Die erste einsatzbereite Maschine wird in der Ernte versuchsweise auf dem sächsischen Rittergut Zschernitz (bei Halle/Saale) eingesetzt. Der Besitzer, Walter Haberland, ist derart begeistert, daß er die eingesetzte Maschine käuflich erwirbt. Der „Sieg von Zschernitz" macht den Weg frei zur Serienfertigung.

1937 Beginn der Serienfertigung des gezogenen Mähdreschers. Der „Mäh-Dresch-Binder" (M.D.B.) wird nach dem „Querfluß-System" gebaut.

1942 Entwicklung eines gezogenen Mähdreschers, dem SUPER, gebaut nach dem „Quer-Längsfluß-System".

1945 Wiederaufnahme der Produktion von Pick-up-Pressen, Strohbinder, Drillmaschinen und erste Fertigung des „SUPER".

1947 Anlauf der Serienfertigung des gezogenen Mähdreschers „SUPER".

1953 Zwei Neuheiten: die kleinere Variante des gezogenen Mähdreschers, der „SUPER JUNIOR" und der erste Selbstfahrer „HERCULES".

1955 Spezialisierung auf die Fertigung von Mähdreschern und Pick-up-Pressen. August Claas wird Dr.-Ing. E.h. der TH Braunschweig. Probleme mit dem Namen „HERCULES": Der Name wird bereits von einem anderen Landmaschinenhersteller für seine Dreschkästen genutzt. Claas verliert den Rechtsstreit: Der Mähdrescher wird umbenannt in „S.F." (Abkürzung für „Selbstfahrer").

1956 Der gezogene Mähdrescher „SUPER 500" wird präsentiert. Im westfälischen Paderborn wird ein Werk gegründet.

1957 Sensation der Selbstfahrer „HUCKEPACK": Mähdreschergehäuse und Fahrgestell lassen sich leicht voneinander trennen. Das Fahrgestell kann außerhalb der Getreideernte als Geräteträger genutzt werden.

1958 Drei Neuheiten: Selbstfahrer EUROPA und COLUMBUS und der gezogene Mähdrescher SUPER-AUTOMATIC.

1959 Auslieferung des JUNIOR-AUTOMATIC.

1960 Neue Farbgebung bei der Vorstellung des Flaggschiffs MATADOR GIGANT.

1962 Nach unten runden der MATADOR STANDARD und der MERCUR das Selbstfahrer-programm ab. Der 100.000ste Mähdrescher wird ausgeliefert. Produktionsaufnahme in dem neuen Presswerk in Metz (Frankreich).

1966 Der SENATOR im neuen Farbton „saatengrün" wird präsentiert.

1967 Neu im Programm sind die Selbstfahrer MERCATOR, COMET, COSMOS, CONSUL und der neu entwickelte gezogene Mähdrescher in „Längsfluß-Bauart", der GARANT.

1968 Zwei neue Selbstfahrer werden mit dem PROTECTOR und MERCATOR 70 vorgestellt. Ausgeliefert werden der 200.000ste Mähdrescher und die 50.000ste Pick-up-Presse. Anlauf der „CLAAS-Fertigungstechnik" im Stammwerk Harsewinkel. Dr.-Ing. August Claas wird Ehren-senator der Universität Stuttgart-Hohenheim.

1969 Präsentation des Selbstfahrers CORSAR. Programmerweiterung durch Erwerb der Land-maschinenfabrik Josef Bautz GmbH (Maschinen für die Halmfutter-Ernte) in Saulgau. Erweiterung der Claas-Gießereitechnik.

1970 In der unteren Leistungsklasse erweitern die COMPACT 20 und 25 das Mähdrescherprogramm. Der DOMINATOR 80 wird für Großbetriebe und Lohnunternehmer präsentiert. Vervollständigung des Programms durch die Übernahme der „Speiser-Häckslerkette". Anlauf der CLAAS-Hydraulik- und Antriebstechnik.

1971 Neben dem DOMINATOR 100 und dem MERCATOR A wird ein neues Produkt für tropische und subtropische Gebiete vorgestellt: der Zuckerrohrvollernter „CC 1400".

1972 Vorstellung des Grünfuttertrockners CLAAS-APOLLO: ein neues Verfahren für die Futterkonservierung.

1973 Der 250.000ste Mähdrescher wird fertig-gestellt und die MERCATOR 50 und 60 laufen vom Band.

1974 Der MERCATOR R wird vorgestellt. Die 100.000ste Pick-up-Presse wird in Metz hergestellt.

1975 Vier Neuheiten: COMPACT 30, MERCATOR 75, DOMINATOR 85 und 105.

1976 Markteinführung der Großballenpresse CLAAS ROLLANT 85.

1978 Präsentation der CLAAS-Mähdrescher Komfortklasse: DOMINATOR 56, 76, 96 und 106. Umwandlung der Firma in „CLAAS OHG".

1979 Zuwachs in der Komfortklasse mit dem DOMINATOR 66.

1980 Nach 50 Jahren Mähdreschererfahrung rollt der 300.000ste Mähdrescher vom Band. Der DOMINATOR 86 wird vorgestellt.

1981 Der Großmähdrescher CLAAS DOMINATOR 116 CS mit dem zwangsabschneidenden „Cylinder-System" wird vorgestellt. Überarbeitung der DOMINATOR-Baureihe und Präsentation des DOMINATOR 38, 48, 58 und 68.

1983 Die obere Leistungsklasse wird um die Typen 112 CS, 114 CS und 115 CS erweitert. Markteinführung der neuen Modellreihe der selbstfahrenden Feldhäcksler JAGUAR 690, 685, 680, 675.

1985 Programmerweiterung durch den DOMINATOR 98.

1986 Sechs neue Mähdrescher: COMMANDOR 114 CS, 115 CS und 116 CS sowie DOMINATOR 78, 88, und 108.

1987 Vorstellung des COMMANDOR 112 CS.

1988 Markteinführung der Großballenpresse CLAAS QUADRANT.

1991 Neuer Großmähdrescher ist der COMMANDOR 116 MTS.

1992 Im neuen Werk in Beelen/Westfalen wird die Claas-Fertigungstechnik aufgenommen. Der COMMANDOR 228 CS läuft vom Band.

1993 Die MEGA-Baureihe wird vorgestellt mit den Typen 218, 208, 204 und 202.

1995 Vorstellung des Großmähdreschers LEXION, mit 40 Tonnen Getreide/Stunde der leistungsstärkste Mähdrescher der Welt.

1996 Entwicklung von AGROCO (elektronisches, satelitengesteuertes landwirtschaftliches Informationssystem).

History of the Company

1913 August Claas founded the company at Clarholz, Westphalia, on 8th April.

1914 Brothers Franz and Theo Claas joined the company, then renamed "Gebr. Claas".

1919 Move to Harsewinkel. Manufacture and repair of straw binders began at the larger new site.

1923 Claas took out the first German patent for a knotter for efficient straw binding. This "knotter hook" later became the Claas logo. Four more patents followed that same year.

1928 At the initiative of Professor Karl Vormfelde, Head of the Agricultural Institute at the University of Bonn, an American combine harvester was introduced into Germany for trials through the Reichskuratorium für Technik in der Landwirtschaft (RKTL), the board of agricultural technology. After extensive testing it was concluded that the machine was not suited to conditions in Europe.

1930 At Professor Vormfelde's instigation, his assistant, Dr. Walter Brenner, went to work for Claas to "get combine harvester development going".

1931 The idea of the front cutter, an experimental combine harvester "built around a tractor", proved unsuccessful as the design was not sufficiently mature. After the failed launch, representatives of the German agricultural machinery industry saw no point in further development. August Claas indicated to Professor Vormfelde that development work would continue with the words, "If no-one else will, we'll do it".

1934 Manufacture of the first pick-up baler.

1935 The front cutter project was abandoned. Claas and Dr. Brenner began designing a trailed combine harvester.

1936 The first working machine was tried out on the harvest at the Saxon manor of Zschernitz near Halle/Saale. The owner, Walter Haberland, was so enthusiastic he bought the experimental machine. The "victory at Zschernitz" paved the way for series production.

1937 Start of series production of the trailed combine harvester. The "reaper-binder" (M.D.B.) was constructed on the "cross flow principle".

1942 Development of a trailed combine harvester, the SUPER, using the "cross linear flow system".

1945 Production of pick-up balers, straw binders and seed drills resumed. Production of the SUPER started.

1947 Start-up of series production of the SUPER trailed combine harvester.

1953 Two new products were launched: the smaller version of the trailed combine harvester, the SUPER JUNIOR, and the first self-propelled combine, the HERCULES.

1955 Specialisation in the manufacture of combine harvesters and pick-up balers.
August Claas awarded an honorary Doctorate in Engineering by Braunschweig Technical University. Problems with the name "HERCULES": the name was already being used by another agricultural machinery manufacturer for its stationary concave. Claas lost the case: the combine harvester was renamed the "S.F." (German abbreviation for self-propelled).

1956 SUPER 500 trailed combine harvester presented. A factory was opened at Paderborn in Westphalia.

1957 The HUCKEPACK (Piggyback) self-propelled combine caused a sensation: the combine body and chassis could easily be separated, allowing the chassis to be used as a tool carrier for work other than harvesting.

1958 Three new products were presented: the EUROPA and COLUMBUS self-propelled machines and the SUPER-AUTOMATIC trailed combine harvester.

1959 JUNIOR AUTOMATIC became available.

1960 New livery introduced for the launch of the flagship MATADOR GIGANT.

1962 The MATADOR STANDARD and the MERCUR rounded off the lower end of the self-propelled combine product line. The 100,000th combine harvester was delivered. Production started up at the new baler factory at Metz in France.

1966 SENATOR presented in the new "crop green" livery.

1967 Additions to the product line comprised the MERCATOR, COMET, COSMOS and CONSUL self-propelled combine harvesters and the new, trailed, linear flow combine, the GARANT.

1968 Two new self-propelled harvesters were launched, the PROTECTOR and the MERCATOR 70. The 200,000th combine harvester and the 50,000th pick-up baler were delivered. CLAAS Fertigungstechnik (production engineering) started up at the main plant at Harsewinkel. Honorary Doctor of Engineering August Claas was made an Honorary Senator of the University of Stuttgart-Hohenheim.

1969 Presentation of the CORSAR self-propelled machine. Product expansion through acquisition of agricultural machinery manufac-turer Josef Bautz GmbH (green harvest machinery) at Saulgau. Expansion of Claas-Gießereitechnik (foundry practice).

1970 The COMPACT 20 and 25 were added to the combine harvester product line in the lowest power class. Launch of the DOMINATOR 80 for big farms and contractors. Range completed by takeover of the "feeder-chopper chain". Start-up of CLAAS-Hydraulik- und Antriebstechnik (drive assemblies and hydraulic components).

1971 Alongside the DOMINATOR 100 and the MERCATOR A, a new product for tropical and subtropical areas was launched: the CC 1400 cane harvester.

1972 Presentation of the CLAAS-APOLLO green crop drier, a new technique in forage storage.

1973 The 250,000th combine harvester was produced. The MERCATOR 50 and 60 came out.

1974 The MERCATOR R was launched. The 100,000th pick-up baler came off the production line at Metz.

1975 Four new products: the COMPACT 30, MERCATOR 75, DOMINATOR 85 and 105.

1976 Market launch of the CLAAS ROLLANT 85 large-square baler.

1978 Presentation of the CLAAS Comfort Class combine harvesters: DOMINATOR 58, 76, 96 and 106. Company name changed to CLAAS OHG.

1979 New addition to the Comfort Class with the DOMINATOR 66.

1980 After 50 years of combine harvester experience, the 300,000th combine harvester came off the production line. The DOMINATOR 86 was launched.

1981 Presentation of the CLAAS DOMINATOR 116 CS large combine harvester with the "Cylinder System" forced grain separator. Revamping of the DOMINATOR series with the launch of the DOMINATOR 38, 48, 58 and 68.

1983 112 CS, 114 CS and 115 CS models added to the top power class. Market launch of the new JAGUAR 690, 685, 680 and 675 range of self-propelled forage harvesters.

1985 DOMINATOR 98 added to the product line.

1986 Six new combine harvesters: the COMMANDOR 114 CS, 115 CS and 116 CS and the DOMINATOR 78, 88 and 108.

1987 COMMANDOR 112 CS launched.

1988 Market launch of the CLAAS QUADRANT large-square baler.

1991 A new large combine harvester, the COMMANDOR 116 MTS.

1992 Claas-Fertigungstechnik started up at the new plant at Beelen, Westphalia. The COMMANDOR 228 CS went into production.

1993 The MEGA series was launched with the 218, 208, 204 and 202 models.

1995 Launch of the LEXION large combine harvester, at 40 metric tons grain/hour the world's most powerful combine harvester.

1996 Development of AGROCOM (electronic, satellite-assisted agricultural information system).

Historique de la société

1913 August Claas fonde la société le 8 avril à Clarholz (Westphalie).

1914 Les frères Franz et Theo Claas rejoignent la société dont la raison sociale est désormais «Gebr. Claas» («Claas Frères»).

1919 Transfert de la société à Harsewinkel où elle dispose d'un terrain plus grand et commence la fabrication et la réparation de lieuses à paille.

1923 Claas dépose le premier brevet allemand pour un noueur permettant le liage rationnel de la paille. Ce «bec noueur» deviendra plus tard le logo de Claas. Cette même année, la société dépose quatre autres brevets.

1928 À l'initiative du professeur Karl Vormfelde, directeur de l'Institut de génie agricole de l'université de Bonn, le Comité consultatif national pour les techniques agricoles (Reichskuratorium für Technik in der Landwirtschaft – RKTL) fait procéder en Allemagne à des essais sur une moissonneuse-batteuse américaine. Cette série de tests poussés aboutit à la constatation que la machine n'est pas adaptée aux conditions d'utilisation européennes.

1930 À l'incitation du professeur Vormfelde, son assistant, le Dr Walter Brenner, rejoint la société Claas pour «lancer» le développement des moissonneuses-batteuses.

1931 Présentation d'une moissonneuse à tablier de coupe frontal, une moissonneuse-batteuse expérimentale «construite autour du tracteur». Le concept n'est pas encore au point. Après cet échec, les représentants de l'industrie allemande des machines agricoles ne souhaitent pas en continuer le développement. C'est par ces mots, «Si les autres ne veulent pas, nous le ferons», qu'August Claas incite le professeur Vormfelde à poursuivre les travaux de développement.

1934 Fabrication de la première presse ramasseuse.

1935 Le projet de moissonneuse à tablier de coupe frontal est abandonné. Claas et le Dr Brenner engagent la conception d'une moissonneuse-batteuse tractée.

1936 La première machine opérationnelle est testée pendant la moisson sur le domaine seigneurial de Zschernitz près de Halle/Saale. Le propriétaire, Walter Haberland, est si enthousiaste qu'il achète la machine. La «victoire de Zschernitz» ouvre la voie à la fabrication en série.

1937 Début de la fabrication en série de la moissonneuse-batteuse tractée. La moissonneuse-batteuse-lieuse est fabriquée selon le principe de l'«alimentation transversale».

1942 Développement de la moissonneuse-batteuse tractée «SUPER» conçue selon le principe de l'«alimentation transversale/longitudinale».

1945 Reprise de la production de presses ramasseuses, de lieuses à paille, de semoirs en lignes et fabrication des premières «SUPER».

1947 Début de la fabrication en série de la moissonneuse-batteuse tractée «SUPER».

1953 Claas présente deux nouveautés : la «SUPER JUNIOR», une version plus petite de la moissonneuse-batteuse tractée et la première moissonneuse-batteuse automotrice «HERCULES».

1955 Claas se spécialise dans la fabrication de moissonneuses-batteuses et de presses ramasseuses. August Claas est nommé «Doktor-Ingenieur» honoraire de l'université technique de Brunswick. Le nom «HERCULES» pose des problèmes car un autre fabricant de machines agricoles l'utilise déjà pour ses caissons de battage. Claas perd le procès et rebaptise sa moissonneuse-batteuse en «S.F.», l'abréviation de «Selbstfahrer» (automotrice).

1956 Présentation de la moissonneuse-batteuse tractée «SUPER 500» et création d'une nouvelle usine à Paderborn en Westphalie.

1957 La moissonneuse-batteuse automotrice «HUCKEPACK» fait sensation : sa carrosserie amovible se retire très aisément du châssis. En dehors de la période de moisson, le châssis nu peut ainsi servir de porte-outils.

1958 Présentation de trois nouveautés : les moissonneuses-batteuses automotrices EUROPA et COLUMBUS et la moissonneuse-batteuse tractée SUPER-AUTOMATIC.

1959 Commercialisation de la JUNIOR-AUTOMATIC.

1960 Présentation du nouveau modèle phare MATADOR GIGANT avec de nouveaux coloris.

1962 La MATADOR STANDARD et la MERCUR complètent dans le bas de gamme l'assortiment des moissonneuses-batteuses automotrices. Livraison de la 100 000e moissonneuse-batteuse. Entrée en service de la nouvelle usine de presses de Metz (France).

1966 Présentation de la SENATOR au nouveau coloris «vert semence».

1967 La gamme s'enrichit de plusieurs nouveautés: les moissonneuses-batteuses automotrices MERCATOR, COMET, COSMOS, CONSUL et la GARANT, la nouvelle moissonneuse-batteuse tractée à alimentation longitudinale.

1968 Présentation de deux nouvelles moissonneuses-batteuses automotrices, la PROTECTOR et la MERCATOR 70. Livraison de la 200 000e moissonneuse-batteuse et de la 50 000e presse ramasseuse. Lancement de CLAAS-Fertigungstechnik (technique de production CLAAS) à l'usine mère de Harsewinkel. Le Dr.-Ing. E.h. August Claas est nommé sénateur honoraire de l'université de Stuttgart-Hohenheim.

1969 Présentation de la moissonneuse-batteuse automotrice CORSAR. Extension de la gamme par le rachat de l'usine de machines agricoles Josef Bautz GmbH (machines pour la récolte de l'herbe) de Saulgau. Extension de Claas-Gießereitechnik (fonderie CLAAS).

1970 Les COMPACT 20 et 25 viennent compléter la gamme de moissonneuses-batteuses dans le segment des faibles puissances. Présentation de la DOMINATOR 80 destinée aux grandes exploitations et aux journaliers. La gamme est complétée par la mise en œuvre de la «chaîne d'alimentation et de hachage». Lancement de CLAAS-Hydraulik- und Antriebstechnik (technique d'hydraulique et d'entraînement CLAAS).

1971 Présentation de la DOMINATOR 100, de la MERCATOR A et d'un autre produit destiné aux zones tropicales et subtropicales : la récolteuse de canne à sucre «CC 1400».

1972 Présentation du séchoir CLAAS-APOLLO reposant sur une nouvelle méthode de conservation du fourrage.

1973 Fabrication de la 250 000e moissonneuse-batteuse. Les MERCATOR 50 et 60 sortent des chaînes de montage.

1974 Présentation de la MERCATOR R. La 100 000e presse ramasseuse sort des chaînes de montage de l'usine de Metz.

1975 Quatre nouveautés : COMPACT 30, MERCATOR 75, DOMINATOR 85 et 105.

1976 Lancement de la presse à grosses balles CLAAS ROLLANT 85.

1978 Présentation des moissonneuses-batteuses de la classe confort CLAAS : DOMINATOR 56, 76, 96 et 106. La société change de forme juridique et se transforme en «CLAAS OHG».

1979 Extension de la classe confort avec la DOMINATOR 66.

1980 Après 50 ans d'expérience des moissonneuses-batteuses, la 300 000e machine sort des chaînes de montage. Présentation de la DOMINATOR 86.

1981 Présentation de la moissonneuse-batteuse à grande capacité CLAAS DOMINATOR 116 CS à «système Cylinder» à séparation forcée. CLAAS retravaille la gamme DOMINATOR et présente les DOMINATOR 38, 48, 58 et 68.

1983 Extension dans le haut de gamme avec les 112 CS, 114 CS et 115 CS. Lancement de la nouvelle série d'ensileuses automotrices JAGUAR 690, 685, 680, 675.

1985 Extension de la gamme avec l'introduction de la DOMINATOR 98.

1986 Six nouvelles moissonneuses-batteuses: les COMMANDOR 114 CS, 115 CS et 116 CS ainsi que les DOMINATOR 78, 88 et 108.

1987 Présentation de la COMMANDOR 112 CS.

1988 Lancement de la presse à grosses balles CLAAS QUADRANT.

1991 Présentation de la nouvelle moissonneuse-batteuse à grande capacité COMMANDOR 116 MTS.

1992 Claas-Fertigungstechnik s'intègre dans la nouvelle usine de Beelen en Westphalie. La COMMANDOR 228 CS sort des chaînes de montage.

1993 Présentation de la série MEGA avec les modèles 218, 208, 204 et 202.

1995 Présentation de la moissonneuse-batteuse à grande capacité LEXION, la moissonneuse-batteuse la plus performante au monde (40 tonnes de céréales à l'heure).

1996 Développement d'AGROCO (système électronique d'information agricole par satellite).

CLAAS „Mäh-Dresch-Binder“ 1936 bis 1946

2

Der CLAAS M.D.B. drischt:

bei normalem Getreidestand die erstaunliche Menge von 150 bis 200 Doppel-Ztr. Körner täglich (d. h. 15–30 Viertel-Hektar)

Ein Mann, der vorn den Schlepper fährt, und **ein Mann,** der hinten auf der Plattform neue Säcke anhängt und die vollen zubindet und absetzt, genügen für den normalen Betrieb.
Die Frucht wird 2mal gereinigt und gelangt marktfertig in die Säcke.

Arbeitsverlauf

Das Getreide wird ähnlich wie beim Garbenbinder durch ein 7 Fuß (= 2,10 m) breites **Schneidwerk** gemäht und gelangt durch einen Schrägförderer zur **Dreschtrommel**, wo es ausgedroschen wird.

Entgegengesetzt zur Auswurfrichtung der Trommel gelangt das Stroh auf den **Schüttler,** wird dort nachgeschüttelt und vom **Strohbinder** zu großen Bunden verarbeitet.

Die ganzen **Dreschvorgänge** gehen nach dem schon seit langem als besonders günstig erkannten sog. **„Schrägdrusch"** vor sich.

Die im Dreschkorb ausgedroschenen Körner gelangen über ein großes **Kurzstrohsieb** zunächst unter einen kräftigen **Saugwind,** dann in den **Entgranner** und werden von einem Elevator auf die **2. Reinigung,** die **Saug- und Druckwind** sowie mehrere Wechselsiebe hat, gehoben. Die gereinigte Frucht gelangt am hinteren Ende der Maschine in die Säcke.

Der ganze Mähdrescher ruht auf zwei kräftigen **Luft- oder Eisenrädern.**

Alle Fruchtarten werden verarbeitet

Das Stroh wird zu großen Bunden verarbeitet. Infolge des wunderbar gleichmäßigen Zuführens zur Dreschmaschine drischt der M.D.B. in allen Fällen hervorragend aus und leistet Erstaunliches. Er stopft weder bei Lagerfrucht noch bei feuchtem oder verunkrautetem Getreide.
Die stündlich erreichbaren **Dreschleistungen** sind gewaltig für den beschränkten Raum der verhältnismäßig kleinen Maschine. Bisher war für derartige Leistungen der 2–3fache Aufwand nötig.
Dabei können sowohl die **wertvolle Spreu** durch Anhängen großer Wagen geborgen als auch die **Strohbunde** mit einem Sammler **in Reihen** abgesetzt werden.
Ein **normaler,** möglichst luftbereifter **Schlepper** von 45 PS aufwärts genügt für alle diese Arbeitsgänge. Dabei kann je nach Getreidestand 1., 2. oder sogar 3. Gang gefahren werden.
Alle modernen Zapfwellenschlepper, gleichgültig ob Radschlepper oder Raupen, können Verwendung finden.

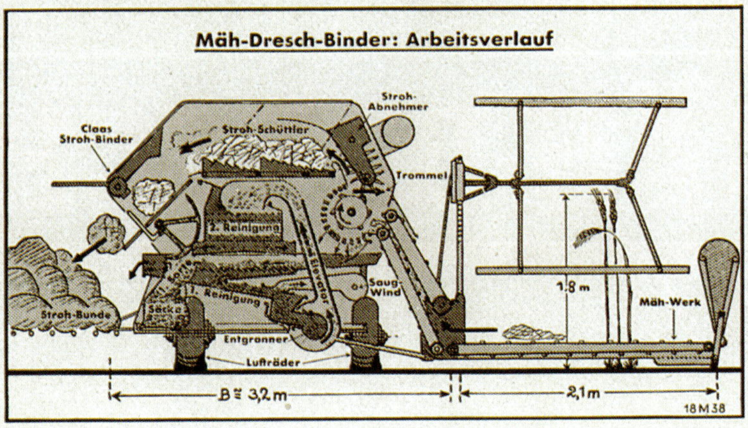

3

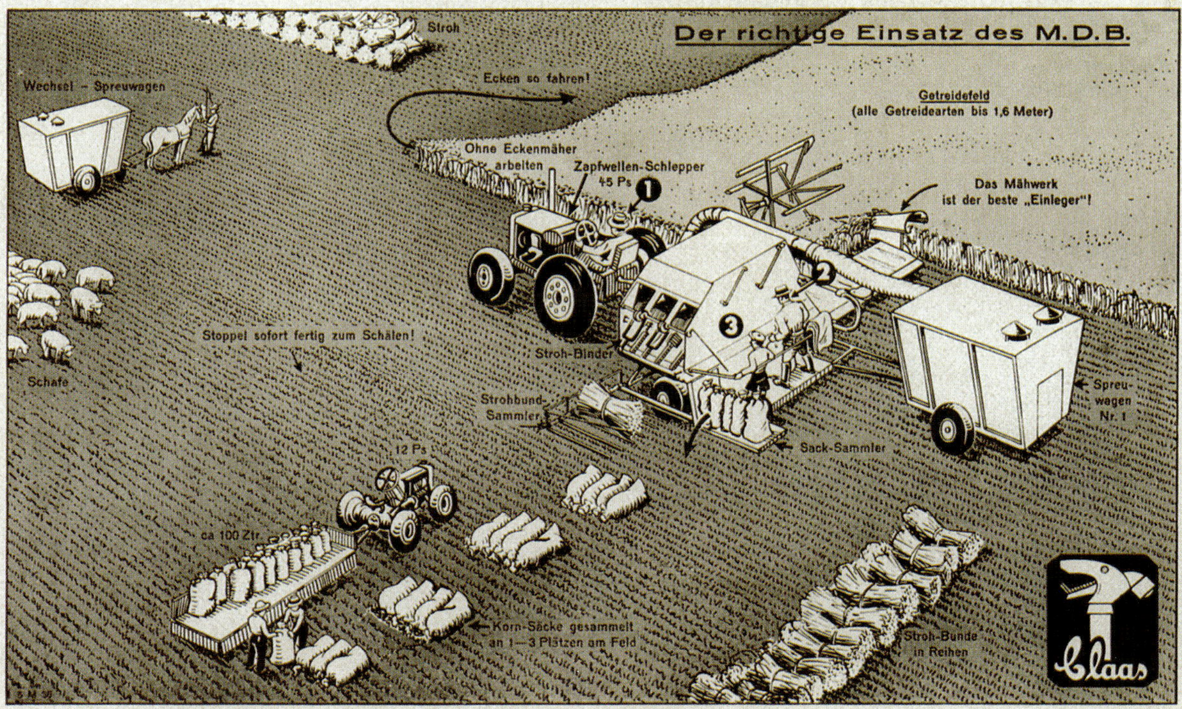

Der CLAAS M.D.B. erzielt:

bei richtigem Einsatz etwa gemäß obiger Darstellung eine beispiellose Vereinfachung der Getreideernte

Während bisher viele Arbeitsgänge nötig waren (Mähen, Binden, Aufstellen, Umsetzen, Trocknen, Einfahren der Garben, Dreschen oder das Packen in die Scheune u. s. f.), erledigt der Mäh-Dresch-Binder die Ernte

in einem einzigen Arbeitsgang

im wesentlichen vollkommen maschinell. Einzig notwendig hierzu ist, daß das Getreide etwas länger am Halm stehen bleibt, damit es druschreif und trocken wird. Die inzwischen vorliegenden großen Erfahrungen haben gezeigt, daß es **genügend viele Sorten** gibt, die dieses Ausreifen am Halm vertragen, und zusätzlich durch entsprechende Anbaufolge eine gestaffelte Reife erreicht werden kann, welche die Ausnutzung des Mähdreschers erhöht. Die erzielten **Arbeitsersparnisse** sind, wie aus allen Urteilen hervorgeht, außerordentlich und drücken sich darin aus, daß mit drei Mann und einem Korngespann rund 150 Doppelzentner täglich geerntet und gedroschen werden, wozu bisher 12–15 Leute nötig waren. Gespart wird ferner: 1. das Umsetzen der Hocken, 2. das Einlegen, 3. ein großer Teil der bisherigen Ernteverluste, 4. die Hälfte des Bindegarnes. Besonders vorteilhaft ist es auch, daß der M.D.B. nach Regen bereits wieder arbeiten kann, wenn sonst an ein Einfahren noch nicht zu denken wäre, somit 5. Senkung des Ernterisikos.

Mäh-Dresch-Binder: Seitenansicht

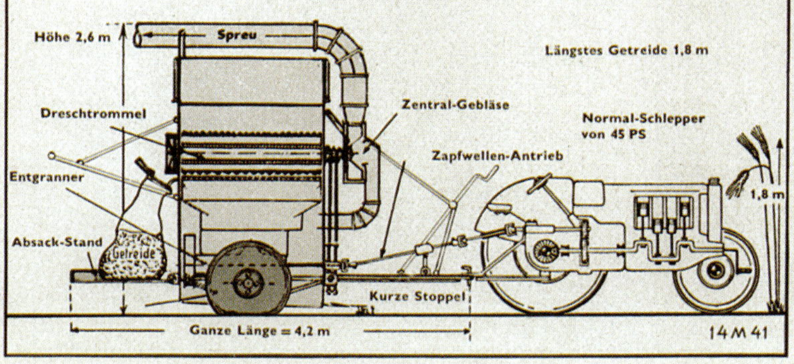

Technische Angaben

Schnittbreite:
7 Fuß = 2,10 m.

Antrieb und Zug:
Normalschlepper von 45 PS oder mehr mit Zapfwelle. In Ausnahmefällen 35 PS Luftreifen-Schlepper.

Kraftbedarf
für Mähen, Dreschen, Binden, Reinigen: 12–18 PS
bei ca. 20 Doppel-Ztr. Stundenleistung.

Zugkraftbedarf: 2–6 PS.

Dreschtrommel:
450 mm Durchmesser, 6 Schlagleisten.

Bedienung (siehe Bild):
Schlepperführer,
Absackmann,
ein Junge zum Helfen.

Mähleistung:
15–30 Viertel Hektar in 10 Stunden.

Dreschleistung:
15–25 Doppelzentner stündlich
150–220 Doppelzentner täglich
bis 5000 Doppelzentner jährlich
in kombiniertem Mäh- u. Standdrusch.

Längstes Getreide:
1,8 m, auch Roggen.

Kürzeste Stoppel: 10 cm.

Luftbereift und eisenbereift lieferbar.

Gewicht: ca. 2400 kg.

6

Bildarchiv Reichsnährstand

Außer für den reinen Mähdrusch ist der M. D. B. auch ohne weiteres für Hocken- und Standdrusch verwendbar. Durch Ansetzen eines einfachen Einlegetisches entsteht nach Abnehmen des Mähwerkes eine leicht bewegliche

„Hockendreschmaschine“

mit der es möglich ist, an den Hockenreihen entlang zu fahren, die Hocken auf die unter dem Einlegetisch angebrachte Plane zu kippen und von da aus wegzudreschen. Es hat dies für alle leicht ausfallenden Fruchtarten, wie z. B. Raps, Spinat usw., den großen Vorteil, daß der bisherige Aufladeverlust völlig wegfällt und **damit ein neues Ernteverfahren entsteht,** welches vollkommen verlustlos derartige Früchte birgt.

Auf alle erdenklichen Fruchtarten ist der M. D. B. in den letzten Ernten angepaßt worden. Im Mähdrusch wurden verarbeitet z. B. jede Gerste, Weizen, Hafer, Roggen bis zu 1,80 m, Bohnen, Grassamen (Wiesenschwingel), Rispe und Mohn.

Im Hocken- und Standdrusch alle obigen Fruchtarten, dazu mit einigen Sonderausrüstungen: Raps und Rübsen, Erbsen, Senf, Kümmel, Dill, Grassamen.

Der M. D. B. hat sich zum Alles-Ernter und -Drescher entwickelt!

Roggen | Grassamen | Raps | Spinat | Mohn

1

2

7

Technische Einzelheiten:

1. **Straßenfahrtstellung.** Für die Straßenfahrt wird die Mähplattform mit wenigen Handgriffen hinter die Maschine gehängt, so daß der M.D.B. auf jeder Straße schnell von Ort zu Ort gefahren werden kann.
   Gesamtbreite 3,20 m, Gesamtlänge 7,20 m, Höhe 2,60 m.
2. **Zapfwellenantrieb.** Der kräftige Zapfwellenantrieb überträgt die Kraft vom Schlepper auf die Dreschorgane des M.D.B.'s mit der Normdrehzahl von 540 U/Min., die für alle Gänge gleichbleibt.
3. **Der Claas-Strohbinder** bündelt das Stroh zu großen Bunden und ist sowohl einmal als auch zweimal bindend lieferbar. Er ist verschleißfest und betriebssicher und durch seine große Bindesicherheit weltbekannt.

3

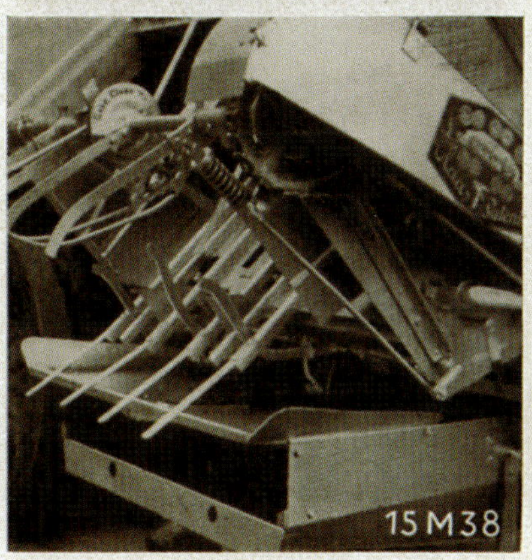

Zusatzeinrichtungen:

4. **Strohbundsammler und Sackabsetzer.** Strohbundsammler für das Absetzen von 8–10 Strohbunden in Querreihen. Er wird vom Schlepper aus mit einer Zugleine ausgelöst und rückt selbsttätig wieder ein.
   Der Sackabsetzer setzt 3–5 Säcke gemeinsam ab und erleichtert so das Aufladen. (Vergleiche Seite 3, Bild oben.)
5. **Die mechanische Hangverstellung** ermöglicht das Arbeiten auf schräg geneigten Hängen. Neigungen von 15% = 8 Grad sind dadurch auszugleichen. Die Bedienung ist einfach. Ein Ziehen an einem Hebel hebt oder senkt das linke oder rechte Rad der Maschine mechanisch durch das auf Bild 5 dargestellte Sperrklinkengetriebe (K, S, M usf.). Die Siebe der Dreschmaschine müssen naturgemäß immer möglichst in der Waage gehalten werden.
6. **Spreubergung.** Sie besteht aus einem biegsamen Metallschlauch und zwei leichten, geschlossenen Spreuwagen, von denen einer an der Maschine hängt und in etwa einer Stunde gefüllt wird, während der andere Wagen in dieser Zeit zum Hof gefahren und entleert wird.
7. **Einlegetisch** für Stand- und Hockendrusch. (Siehe Schaubild: Rapsdrusch.) Nach Abnahme des Mähwerks ist der Tisch, der in sehr bequemer Höhe liegt, leicht anzusetzen. Der Schrägförderer ist zu diesem Zweck aus der Dreschmaschine schwenkbar.

4

5

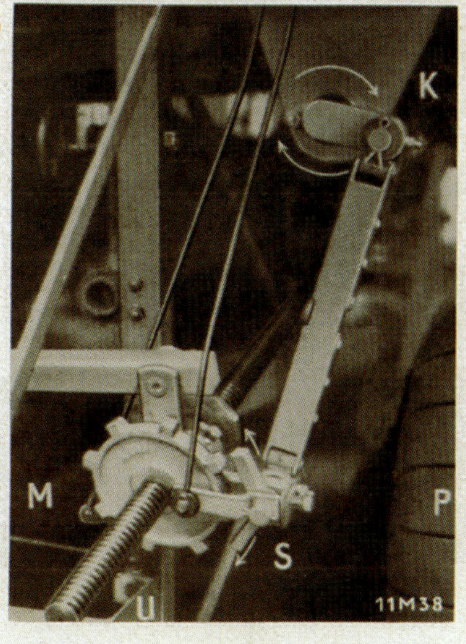

5a

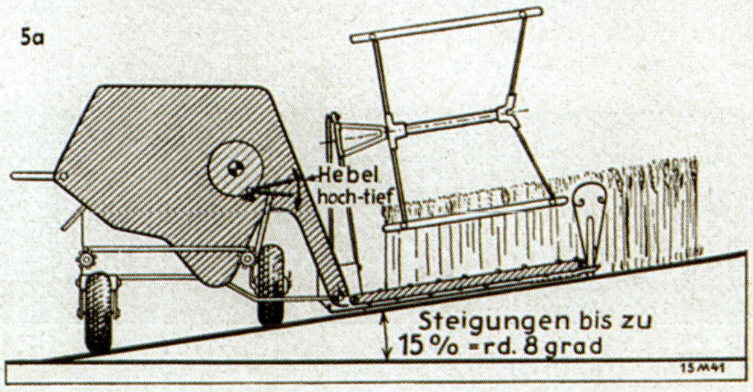

8

Der M.D.B. auf einem Mittelbetrieb in Westfalen

Die Praxis sagt zum M.D.B.:

Der Großbetrieb:

. . . mit der Leistung des Mähdreschers in jeder Weise äußerst zufrieden. Besonders für Saatgutwirtschaften große Zukunft . . .

Gutsverwaltung Frhr. v. Wilmowsky, Marienthal b. Eckartsberga/Thür. 25. 9. 1940

. . . ein Wunderwerk der Technik . . . die Maschine der Zukunft.

Domäne Schweighof b. Coburg/Ofr. 27. 9. 1940

Der M.D.B. hat vorzügliche Arbeit geleistet. Lobend hervorzuheben ist der saubere Ausdrusch und die Vermeidung jeglichen Körnerverlustes.

Rtgt. Gr.-Lissa. 9. 10. 1940

Die Erntekosten belaufen sich auf kaum die Hälfte der bisherigen. Sämtliches Getreide ist als Elite-Saatgut verwendet worden. Rtgt. Fahlbusch, Deerenburg a. Harz. 18.9.1939

. . . An einem Tag (in 11 Stunden) eine Rekordleistung von 570 Ztr. erreicht!

Wendorff'sche Gutsverwaltung Naulin/Pyritz. 2. 10. 1940

. . . Noch nie seit 50 Jahren war am 25. 8. in Schwaneberg mit Ausnahme einiger Hügellagen alles Getreide ausgedroschen. Das verdanke ich den zwei M.D.B., die ich 1939 anschaffte. Dipl.-Landwirt Kühne, Schwaneberg b. Schmölln/Uckermark. 27. 8. 1940

Der Ersatzteilbedarf an meinem ersten M.D.B. nach 5 Ernten ist ganz minimal. Inzwischen habe ich im ganzen 4 M.D.B.s. Rtgt. Zschernitz b. Halle/Sa. 14. 7. 1940

Wenn schon meine erste Maschine aus dem Jahre 37 alle Ansprüche zu erfüllen schien, die man an eine derartige Maschine stellen kann, so ist die Arbeitsleistung des Mähdreschers, den ich 1940 anschaffte, in jeder Beziehung hervorragend. Zusammenfassend kann ich sagen, daß infolge der erheblichen Verbesserungen, die der Mähdrescher in den letzten Jahren erfahren hat, seine Leistungen an Menge und Qualität so gestiegen sind, daß für den mitteldeutschen Betrieb die Frage „Hockendrusch" oder „Mähdrusch" eindeutig zugunsten des Letzteren entschieden ist.

Dr. Schurig, Schloß Trebnitz b. Könnern. 10. 12. 40

Wir sind nicht nur zufrieden, sondern begeistert . . .

Versuchsgut Radegast der Universität Halle/Sa.

Der Mittel- und Kleinbetrieb:

Es ist ein großer Irrtum, daß der Mähdrescher nur für den Großbetrieb geeignet sein soll. Gerade in Mittelbetrieben ist sein Platz.

Bauer Wolf, Dutzenthal b. Neustadt/Aisch/Mittelfr. 5. 10. 1940

Mein M.D.B. arbeitet wie ein Uhrwerk hinter meinem Famo-Boxer. Ist an einem Uhrwerk etwas auszusetzen? In einigen Jahren dürfte Ihr M.D.B. so populär geworden sein wie heute der Selbstbinder. Bauer Fricke, Altlangsow. 12. 12. 1940

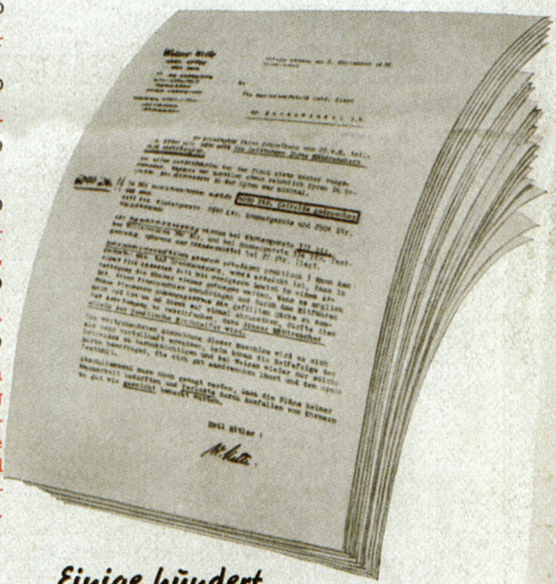

Einige hundert solcher Zeugnisse sind in unserem Besitz!

MASCHINEN-FABRIK Claas HARSEWINKEL/WESTF.

M 0847

CLAAS „Super" 1946 bis 1955

TYPE «Süper»

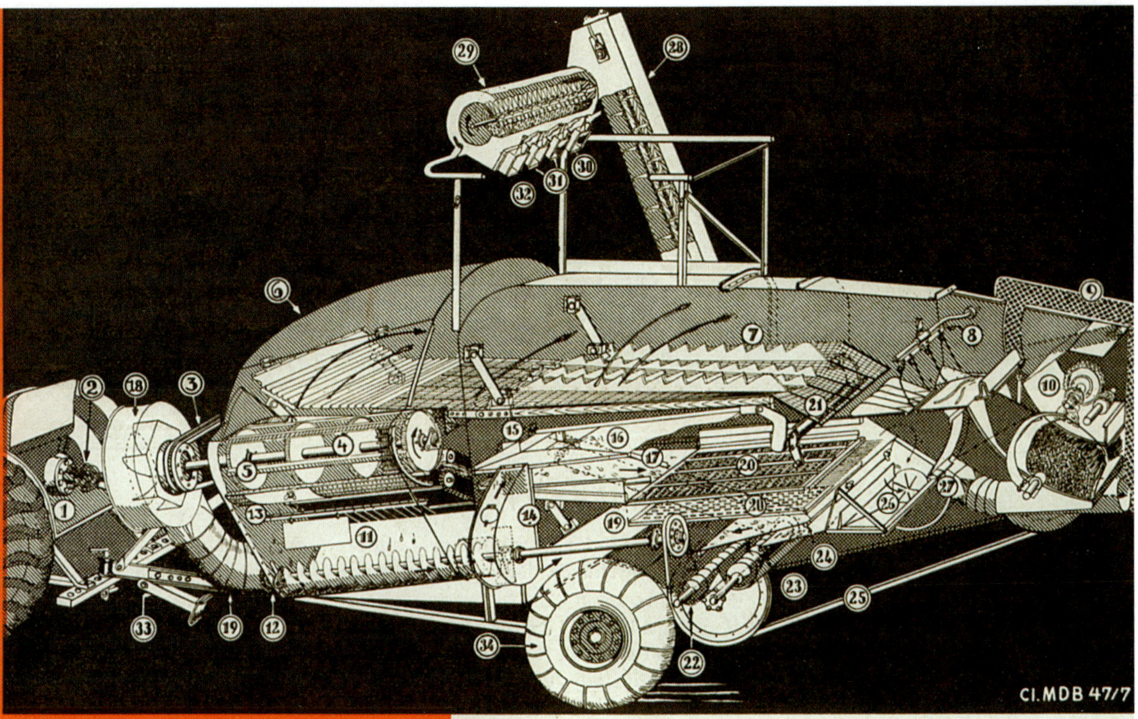

1 Schlepper mit Zapfwelle (2)

4 Dreschtrommel mit Korb (5) und Antrieb (3)

6 Wendekopf

7 Schüttler, Durchgang 1,4 m

9 Strohpresse mit 1,3 m Kanalbreite, Zubringer (8), Knoter (10)

11 Lange Kornschnecke mit Wurf (14)

17 Windreinigung mit Sieben (20)

18 Gebläse und Düse (19)

21 Schüttler und Siebantrieb

22 Kornschnecke

23 Überkehrschnecke

25 Pressenantrieb

26 Spreuwanne mit Gebläse

28 Langer Kornelevator

29 Sortierzylinder mit verschiedenen Einsätzen

30 Auslauf: „Feines"

31 Ausläufe: „1. Sorte"

32 Auslauf: „Grobes"

33 Klappstütze zum mühelosen Anhängen

Die untenstehenden Bilder

zeigen noch deutlicher den Arbeitsverlauf im Schnitt und Ansicht von vorn. Das flach verlaufende Mähtuch mit dem Schrägförderer ist unter dem Schüttler angeordnet, die Trommel auf der rechten Seite. Besonders durch diese Anordnung wird die Maschine, wie man sieht, von vorn sehr schmal, so daß nicht breiter als für einen Binder angemäht werden muß. Die Siebflächen sind dagegen groß und es entsteht ein Kleindrescher mit den Sieb- und Schüttelflächen einer Großdreschmaschine. Gewicht: 2400 kg.

4

Technische Einzelheiten:

Arbeitsverlauf:

Das Getreide wird wie beim Binder von dem rechts neben der Maschine befindlichen, tiefschneidenden und während der Fahrt zu verstellenden Schneidwerk gemäht oder bei Stand- und Felddrusch auf einem Brett den Tüchern zugeführt. Es gelangt über den flach verlaufenden Schrägförderer zur Trommel (4), wo es ausgedroschen wird (4 u. 5). Das Stroh wird in den Wendekopf (6) (unter Wendung von längs auf quer) geschleudert und über den Schüttler (7) der Strohpresse (8–10) zugeführt, während die ausgedroschenen Körner durch den Korb und die Förderschnecke (11) mit Wurf (14) zu der Siebreinigung (17–20) gelangen und durch die Förderschnecke (22) und den Elevator (28) in den Siebsortierer (29) kommen werden, wo sie in den verschiedenen Sorten (30–32) abgesackt werden.

Die Spreu kann – wenn gewünscht – in der Mulde (26) hinter der Reinigung gesammelt und durch den Spreubläser (27) dem angehängten Spreuwagen zugeblasen werden. Die ganze Maschine wird von der Zapfwelle des Schleppers (2) angetrieben. Der Kraftverbrauch des Mäh- und Dreschmechanismus beläuft sich auf etwa 15 PS. Die Strohpresse macht Bunde von 15–20 kg Gewicht.

UP-PICKEN

von Erbsenschwaden mit Hilfe einer auf das Mähwerk gesetzten Aufgreiftrommel.

1 Erbsenschwaden, vorher wie üblich „gezogen" und auf Reihen zum Trocknen gelegt.

2 Schlepper

3 Aufgreiftrommel zum „Up-Picken"

4 Säcke mit sauberen Erbsen

5 Strohbunde

6 Spreuwagen, falls ein Sammeln der Erbsenspreu gewünscht wird.

5

Der «Super» als Allzweckdrescher:

kann 1. für „Up-pick-Drusch" vor allem für Erbsen, 2. für Felddrusch als leicht versetzbares Dreschaggregat, vor allem für Raps- und Spinatsamen, sowie 3. für Standdrusch — auch mit elektrischem Antrieb im Winter — verwendet werden. Erbsen, Dill, Bohnen, Mohn, Klee, Kümmel, Spinat, Gras-, Rüben- und Radieschen-Samen werden mit Vorteil verarbeitet.

Der Drusch von Erbsen ist bekanntlich nach dem üblichen Verfahren besonders mühsam und staubig. Die „gezogenen" und abgetrockneten Erbsenschwaden werden vom „Super" dagegen zweckmäßig so verarbeitet, daß man sie entweder von Hand auf die Tücher bringt (Bild rechts)→ oder mit einer auf das Mähwerk gesetzten besonderen Aufgreiftrommel „uppickt" und der Dreschmaschine während der Fahrt zuführt (Bild oben). Hierdurch wird die Verarbeitung von Erbsen geradezu ideal. Auch sehr stark verunkrautete Felder werden nach diesem Verfahren bearbeitet: Abmähen mit Gras- oder Spezialmäher.

Raps und ähnliche leicht ausfallende Fruchtarten werden am besten so verarbeitet, daß die Maschine an die Rapsgarben heranfährt und alle 20 m stillhält, um einen kleinen Dreschplatz zu bilden. Der Raps kann entweder aus Hocken gedroschen werden, wozu Planen nötig sind, vorteilhafter ist es, den gemähten Raps, so wie er gebunden ist, in einzelnen Garben am Feld liegenzulassen und ihn erst zum Drusch aufzuheben. Die Garben→ werden von Hand eingelegt.

Standdrusch vom Wagen

Felddrusch von Raps

6

Der «Super» kommt in Frage

1. für den Großbetrieb neben dem anderen Maschineninventar wie bisher als Zusatz für abgelegene Schläge und besondere Früchte, wie Erbsen, Raps, Gerste, Weizen.
2. weitgehend und als Allesdreschmaschine dagegen für die fast unbeschränkte Zahl der zukünftigen 4—600-Morgen-Mittelbetriebe, soweit sie a) 2—300 Morgen Körnerbau auf einigermaßen ebenen Feldern besitzen und b) über einen mindestens 35 PS starken, luftbereiften Schlepper verfügen. Die Wirtschaftlichkeit der Maschine ist schon ab 200 Morgen Drescheinsatz gegeben. Bei guter Organisation sind jährlich bis zu 600 Morgen zu erreichen (vgl. S. 3 unten).
3. für Lohndrescher und genossenschaftlichen Einsatz wegen seiner hervorragenden Ortsbeweglichkeit. In kleineren Betrieben sind bereits Felder von 5 Morgen aufwärts zum Mähdrusch geeignet.
4. für Ernteaktionen, um die Ernte dort, wo sie durch irgendwelche Schwierigkeiten in Verzug geraten ist, schnell zu bergen.

Was sagt die Praxis zum Mähdrusch .....?

... Es ist ein großer Irrtum, daß der Mähdrescher nur für den Großbetrieb geeignet sein soll. Gerade im Mittelbetrieb ist sein Platz ...

... Der MDB. hat vorzügliche Arbeit geleistet. Lobend hervorzuheben ist der saubere Ausdrusch und die Vermeidung jeglichen Körnerverlustes, ... besonders für Saatgutwirtschaften große Zukunft ...

... Die Erntekosten belaufen sich auf kaum die Hälfte der bisherigen. Sämtliches Getreide ist als Elitesaatgut verkauft worden ...

... Zusammenfassend kann ich sagen, daß infolge der erheblichen Verbesserungen, die der Mähdrescher in den letzten Jahren erfahren hat, seine Leistungen an Menge und Qualität so gestiegen sind, daß für den Mittelbetrieb die Frage „Hockendrusch" oder „Mähdrusch" eindeutig zugunsten des letzteren entschieden ist ... Wir sind nicht nur zufrieden, wir sind begeistert ...

... Lagergetreide eine Spielerei!

Das

„Einmal darüber — alles vorüber" des Mähdreschens

kommt immer mehr; auch für den intensiven Getreidebau; da es Ersparnisse an Kosten, Arbeit, Verlusten und Bindegarn bringt.

claas

Gebr. Claas · Maschinenfabrik

Harsewinkel i. W. · Fernsprecher 244 und 266

W. Girardet, Druckerei, AL/61, Essen — 940/4000, Mai 48, Klasse B

1953
Claas
SUPER „JUNIOR"
SUPER-JUNIOR
Der seit langem erwartete Kleinmähdrescher für den mittelbäuerlichen Betrieb!
. . . jetzt neu für den 25 PS-Schlepper!
. . . wird den Siegeszug des Mähdreschers in Europa noch weiter ausdehnen!
. . . entwickelt aus dem vieltausendfach bewährten „Super" mit dessen bekannten Vorzügen, mit noch kleinerem Eigengewicht und Kraftverbrauch!
. . . zu einem erstaunlich niedrigen Preis.

Warum ist bei den CL
„SUPER"-Reihe Querf

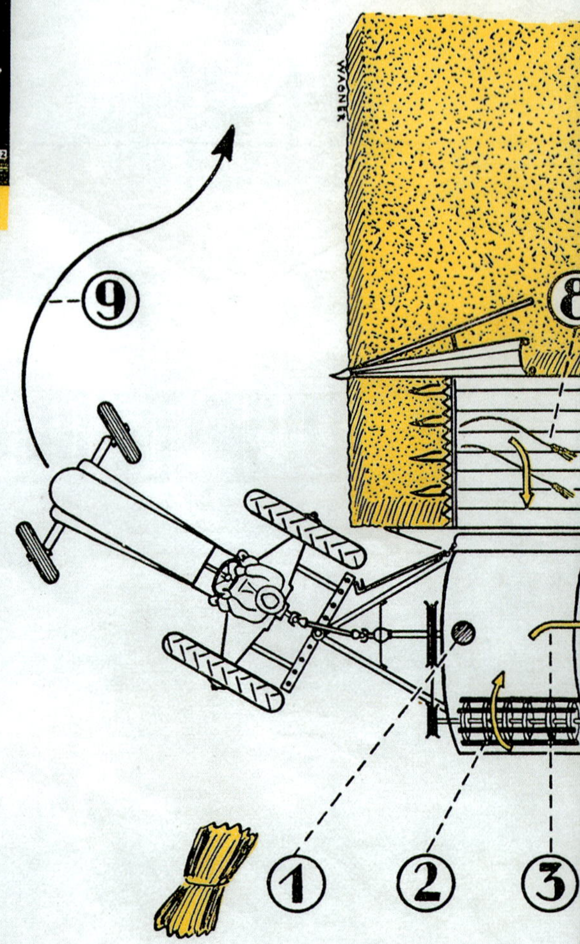

Technische Vorteile — einige von vielen:

Er ist ganz auf „Leichtgängigkeit" gebaut und daher durch einen normalen 25 PS-Schlepper über die Zapfwelle anzutreiben. Zum leichteren Schalten ist in die Zapfwellenübertragung eine Freilaufkupplung eingebaut. Für noch leichtere Schlepper, also 20 – 22 PS, ist ein billiger Zusatzmotor von 10—12 PS in Aussicht genommen.

Das Schneidwerk (5 Fuß = 1,5 m Schnittbreite) ist mit dem vom „Super" bekannten korndichten, bis zur Trommel durchgehenden Fördertuch ausgerüstet. Dieses und die reichlich dimensionierten Schüttel- und Siebflächen machen den „JUNIOR" besonders verlustsparend.

Schwerstes Lagergetreide wird durch die Lagerfrucht-Mäheinrichtung mit dem großen Torpedohalmteiler einwandfrei aufgenommen und verarbeitet.

Der „Junior" ist schnell, wendig und ortsbeweglich. Der Umbau von der Arbeits- in die Transportstellung ist mit wenigen Handgriffen durchzuführen, und die Maschine kann auf ihren großvolumigen Luftreifen im 20 km-Tempo von Feld zu Feld gefahren werden.

Er besitzt eine zweifache Reinigung, die eine davon mit doppeltem, verstellbaren Windsieb und 2. den Sortierzylinder mit Absackung in 3 Sorten: a) fein, b) 1. Sorte c) grob.

Eine organisch eingebaute einmal bindende Strohpresse mit 1 m Kanalbreite (verstellbar auf 80 cm) macht saubere Bunde. Sie wird mit dem weltbekannten und sprichwörtlich bindesicheren Claas-Knoter ausgerüstet.

1 Der Schwerpunkt der Maschine liegt hinter dem Schlepper und die Maschine kann - selbst, wenn sie voll beladen ist - auch leichte Schlepper nicht querziehen.

2 Die querbeschickte Schlagleistentrommel ist außerordentlich leichtgängig und leistungsfähig.

3 Die Spritzkörner der Dreschtrommel werden nicht in der Schüttelrichtung, sondern quer dazu geschleudert, daher beste Ausschüttelung und keine Schüttelverluste!

4 Das Stro
kannten V
in die Qu
Ein auß
Schüttelra
größte Str

5 Die leich
Schwingk
dem sp
sicheren C
preßt das
in glatte,
bei kurzer
verstellt w

6 Arbeitet
Strohpress
Strohschw
Rundfahrt
perspur, w
per nicht

Wohlüberlegt wurden bei unserer „Sup
Weise kombiniert. So kommen die Vorteile
Seitenschneidwerk, zu denen des an

-Mähdreschern der
ınd Längsfluß vereinigt?

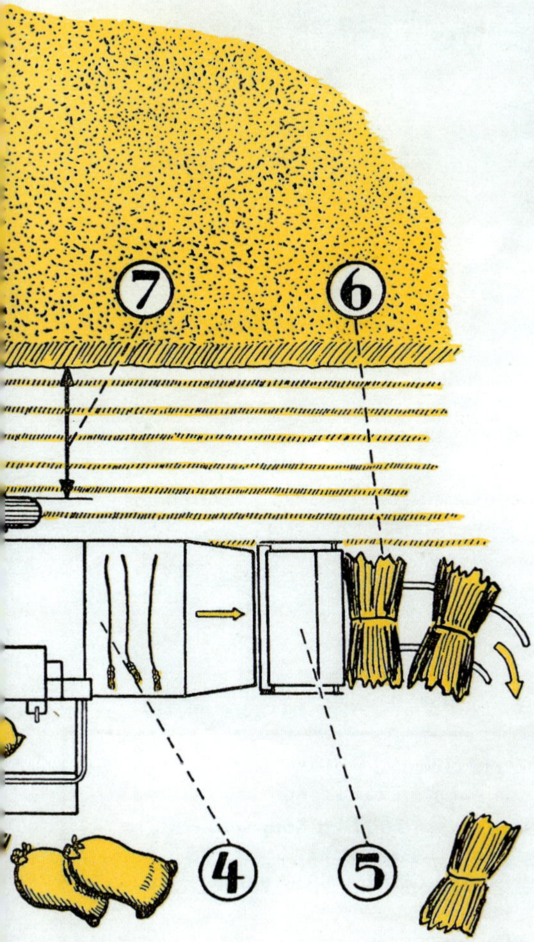

JUN. 2/52.

Landwirtschaftliche Vorteile:

Es gibt kaum etwas Schöneres, als bei strahlendem Sonnenschein in das reife Getreidefeld hineinzufahren, **in einem Arbeitsgang** zu mähen, zu dreschen, zu reinigen, das Korn in Säcke zu füllen und das Stroh gepreßt und gebunden auf dem Feld abzulegen. 3 Mann können so die ganze Ernte bewältigen: Ein Schlepperfahrer, ein Absackmann und ein Fahrer des Korngespannes.

Lagergetreide - und sei es noch so glattgewalzt - ist kein Problem. Wußten Sie, daß der Mähdrescher mehr und besseres Korn erntet, als Sie das bisher gewohnt sind? Durch Verlusteinsparung und, weil gerade in den letzten Tagen von der Gelb- bis zur Vollreife buchstäblich noch etwas in das Feld hineinwächst, kann man mit einem Mehrertrag von 1—3 Ztr. pro Morgen (¼ ha) rechnen. Die Keimfähigkeit des Mähdrescherkornes ist im allgemeinen höher als bei den anderen Ernteverfahren, wie jahrelange Untersuchungen staatlicher Prüfstellen ergaben.

Eins nur ist immer wieder wichtig: **Nerven behalten** — das Getreide muß wirklich vollreif sein, bevor der Mähdrescher beginnen darf, doch machen die neuen ausfallsicheren Sorten dieses „Nerven behalten" heute immer leichter.

Der „JUNIOR" ist ein **Allesdrescher.** Alle überhaupt dreschbaren Feldfrüchte kann er verarbeiten, sämtliche Getreidearten von der Gerste bis zum Hafer und alle Feinsämereien wie Mohn, Raps, Kümmel, Spinatsamen, Grassamen usw.

Der „JUNIOR" ist ein **Allzweckdrescher:** Genau wie im Mähdrusch kann er ebenso gut auch im Felddrusch (indem er von Hocke zu Hocke gefahren wird), im Schwadendrusch (mit aufgesetzter Pick-Up-Aufgreifvorrichtung) und als normale Standdreschmaschine eingesetzt werden.

in der be-
s der Längs-
g gewendet.
ich großer
ältigt auch
ı u.-mengen.

ıl bindende
hpresse mit
ich binde-
oterapparat
ıllende Stroh
e Bunde, die
ch auf 80 cm
önnen.

chine ohne
liegt der
der zweiten
der Schlep-
vom Schlep-
zt.

⑦ Großer Abstand des Laufrades von der Feldkante, also selbst bei scharfem Eckenfahren keine Gefahr, daß Getreide umgewalzt wird.

⑧ Das fast waagerecht liegende Schneidwerk ist das denkbar beste für die Arbeit in schwerem Lagergetreide. Der große Torpedohalmteiler teilt das Feld in bester Weise.

⑨ Größte Wendigkeit am Feld, daß rechts sitzende Schneidwerk hindert nicht, gleichgültig, wie scharf die Kurve ausgefahren wird.

ihe Quer- und Längsfluß in geschickter
nen: das unvergleichlich gut arbeitende
größte Schüttel- und Siebflächen.

Der Claas-„SUPER-JUNIOR"

wird aus bestem Material von geschulten Fachkräften in einem aufs Modernste eingerichteten Werk hergestellt. 20 Jahre Erfahrungen im Bau von Mähdreschern geben die Gewähr für einwandfreies Arbeiten jeder Maschine, die das Claas-Werk verläßt.

Machen Sie sich die Erfahrungen der vielen tausend Landwirte zunutze, die bereits einen „Claas" besitzen.

Der „CLAAS-JUNIOR"

wird Ihnen helfen, Ihre Ernte schneller, leichter und billiger unter Dach zu bringen!

Technische Angaben:

Schnittbreite 5 Fuß = 1,5 m (zwischen den Halmteilern 5' 6")	Höchste Leistung stdl. 2000 kg Korn
Schlagleistentrommel (6 Schlagleisten) 1250 mm breit, 450 mm Ø	Durchschnittsleistung 1250 kg Korn stdl.
Dreschmaschinenbreite . . . . . . 1,4 m	Standdrusch 1000 kg Korn stdl.
Schwingschüttler-Länge . . . . . . 2960 mm	Kraftbedarf: Schlepper von 25 PS an mit Zapfwelle oder (in Vorbereitung) 20—22 PS-Schlepper mit billigem Zusatzmotor. Bei Standdrusch 15 PS bzw. 12 KW
Reinigung: 1. Druckwind (2 Siebe): Größe 1070×740 mm 2. Siebsortierer	Gesamtgewicht der Maschine ca. 1950 kg
Längste zu verarbeitende Halmlänge . . 2,2 m	Länge insgesamt . . . . 5,30 m
Stoppelhöhe 7 — 40 cm verstellbar	Breite in Arbeitsstellung . . . . . 4,20 m
Schwingkolbenstrohpresse: automatisch 1 mal bindend	Transportbreite . . . . 2,80 m
Kanalbreite 1 m (0,80 m) — Bundgewicht: 8 — 15 kg	Gesamthöhe . . . . 2,80 m
	Reifen 10.00 — 15

Abbildungen und techn. Daten unter Vorbehalt von Konstruktionsänderungen.

GEBR. Claas

Nr. 153. 1. 53

CLAAS „Super 500“ 1956 bis 1966

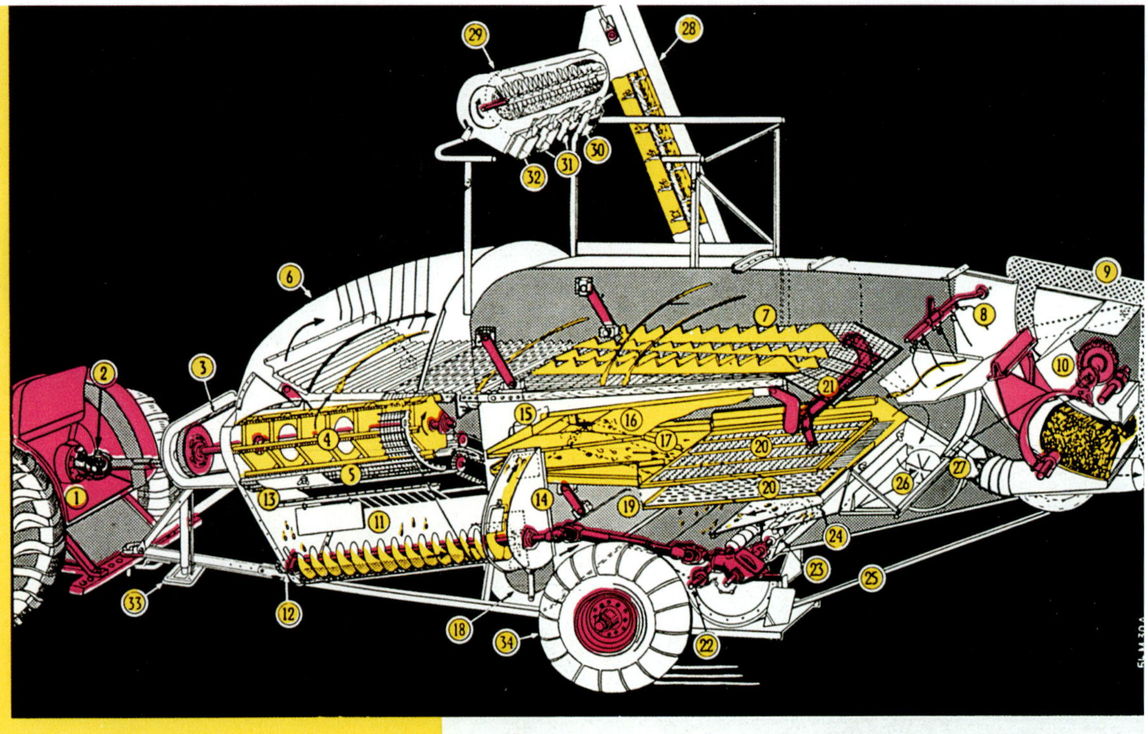

TECHNISCHE EINZELHEITEN

1 Schlepper
2 Zapfwelle
3 Trommelantrieb
4 Dreschtrommel
5 Dreschkorb
6 Wendekopf
7 Schüttler
8 Zubringer
9 Strohpresse
10 Knoter
11 Körnersammelmulde
12 Kornschnecke
13 Vorentgrannerbleche
14 Wurf
15 Rundlauf
16 Schüttlerabgang
17 Vorbereitungsboden
18 Gebläse
19 Windführung
20 Siebe
21 Schüttler- und Siebantrieb
22 Kornschnecke
23 Oberkehrschnecke
24 Kornsammelboden
25 Pressenantrieb
26 Spreuwanne
27 Spreugebläse
28 Kornelevator
29 Sortierzylinder
30 Auslauf: Feines
31 Ausläufe: 1. Sorte
32 Auslauf: Grobes
33 Deichselwinde
34 Laufrad
35 Schneidwerk
36 Halmteiler
37 Haspel
38 Untertuch
39 Obertuch
40 Strohleitdrähte
41 Sortiersieb
42 Sackrutsche

(35–42: s. Abb. unten)

Der unten stehende Querschnitt zeigt, daß das flach verlaufende Mähtuch mit dem Schrägförderer unter dem Schüttler angeordnet ist und bei der Trommel endet (Etagendrusch). Durch diese Anordnung erhält die Maschine einen außergewöhnlich langen Schüttler.

Kein Anmähen erforderlich!

Man fährt mit der Maschine in das Getreidefeld, um gleich mit dem Mähdrusch zu beginnen. Der Kornverlust ist hierbei geringer als beim Anmähen, was viele Mähdrescher-Besitzer in Zuschriften bestätigen. Da außerdem eine erhebliche Arbeitsersparnis erreicht wird, lohnt sich das Anmähen nicht mehr. Das bei der Durchfahrt geknickte Getreide wird auf dem Rückweg durch die Ährenheber wieder gehoben und geerntet. Sogenannte „Bahnräumer" an den Schleppervorderrädern sind zu empfehlen.

Der Arbeitsverlauf beim "Super 500"

Das Getreide wird wie beim Binder von dem tief schneidenden Mähwerk, das sich rechts neben der Maschine befindet und während der Fahrt verstellt werden kann, gemäht und über Tücher der Trommel (4) mit Korb (5) zugeführt, wo es ausgedroschen wird.

Das Dreschgut wird unter Wendung von Längs auf Quer durch den Wendekopf (6) auf die Schüttler (7) geschleudert. Das Stroh gelangt so quergerichtet in die Strohpresse (8—10), während die Körner durch den Korb und die Förderschnecke (11) mit Wurf (14) zu der Siebreinigung (17—20) gelangen und weiter durch die Förderschnecke (22) und den Elevator (28) in den Siebsortierer (29) gebracht und in 3 verschiedenen Sorten (30—32) abgesackt werden.

Die Spreu kann, wenn gewünscht, gesammelt und durch den Spreubläser (27) in einen angehängten Spreuwagen geblasen oder durch einen Zyklon in Säcken gesammelt werden.

Die ganze Maschine wird von der Zapfwelle (2) des Schleppers angetrieben. Die benötigte Antriebskraft beim Mähdrusch beläuft sich auf etwa 35 PS, bei kleineren Schleppern erfolgt der Antrieb durch einen zusätzlichen Motor. Die Strohpresse macht Bunde von 10—25 kg Gewicht.

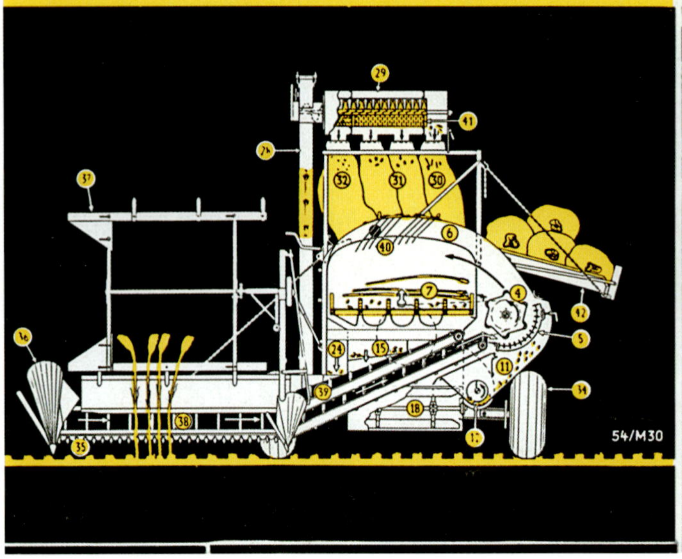

Kurzeinleger für Standdrusch

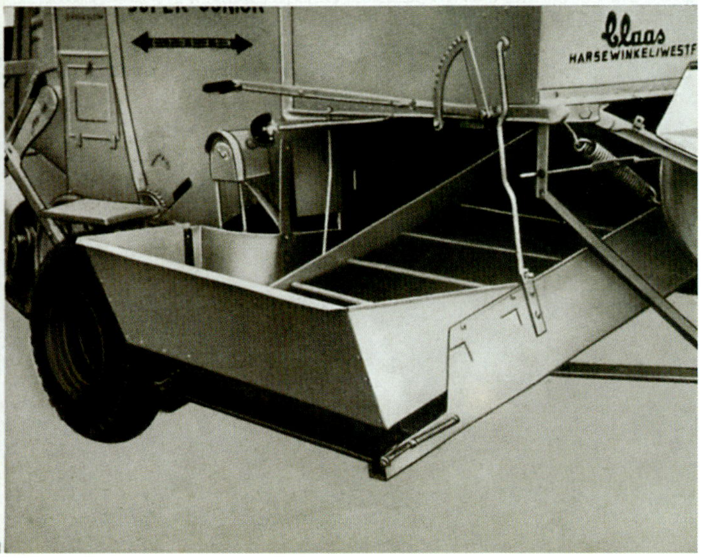

SCHWADEN-DRUSCH

Raps, Erbsen, Senf, Grassamen und ähnliche leicht ausfallende Fruchtarten werden am besten im Schwadendrusch (mit Pick-Up-Trommel am Schneidwerk) verarbeitet:

1 Schwaden, wie üblich gemäht und auf Reihen zum Trocknen gelegt

2 Schlepper

3 Pick-Up-Aufgreiftrommel (3 Geschwindigkeiten)

4 Säcke

5 Strohbunde

6 Spreuwagen, falls ein Sammeln der Grassamen- oder Erbsenspreu gewünscht wird.

Zusatzgeräte zum „Super" 500

Das CLAAS-System:

Aufbaumotoren werden geliefert, wenn nur ein Schlepper unter 35 PS zur Verfügung steht. Zwei Möglichkeiten sind gegeben: 30 PS Benzin- oder Dieselmotor als alleinige Antriebskraft des Mähdreschers, wobei der Schlepper nur noch als Zugmaschine wirkt; oder 23 PS Benzinmotor für Verbundbetrieb zwischen Schlepperzapfwelle und Motor (D. B. Patent 829 962) vor allem für mittlere Schlepper (25 PS).

8 oder 10 Fuß-Schneidwerk. Für europäische Getreideverhältnisse wird der **„SUPER 500"** normalerweise mit einem 7 Fuß-Schneidwerk (2,10 m) ausgerüstet, er kann aber auch mit 8 Fuß und — vornehmlich für Überseeländer — mit 10 Fuß Schnittbreite geliefert werden.

Der rotierende Halmteiler ist eine weitere Erleichterung für die Bergung besonders schwerer Lagerfrucht.

Die Pick-Up-Trommel wird für den Schwadendrusch (wie oben beschrieben) vor das Schneidwerk gesetzt und kann in 3 Geschwindigkeiten entsprechend der Vorfahrt eingestellt werden.

Eine Standdruscheinrichtung ist für den Drusch in engen Scheunen zu empfehlen. Sie macht aus dem **„SUPER 500"** eine normale Standdreschmaschine mit einer Leistung von durchschnittlich 25 Ztr. pro Stunde.

Durch eine Hydraulik können Haspel und Schneidwerk unabhängig voneinander und völlig mühelos vom Schlepperfahrer in der Höhe verstellt werden.

Der Korntank ermöglicht die sacklose Kornbergung. Er faßt etwa 20 Ztr. Korn und kann sowohl mit als auch ohne Sortierung geliefert werden. Die Entleerung erfolgt in wenigen Minuten durch eine eingebaute Schnecke.

Strohschneider geben die Möglichkeit, das Stroh sofort auf dem Feld zu belassen. Strohschneider gibt es für den **„SUPER 500"** ohne Strohpresse, aber auch zum Anhängen an die Presse. Im letzteren Falle kann das Stroh wahlweise geschnitten oder — nach Abnahme des Schneiders — in Bunde gepreßt werden.

Die Spreu läßt sich, wenn gewünscht, in einem angehängten Spreuwagen auffangen oder durch einen Zyklon auf dem Dach der Maschine in Säcke füllen.

Haspelautomatik. Mit der Haspelautomatik kann der Schlepperfahrer die Haspel durch Seilzug in der Höhe verstellen und sie dadurch vor allem bei Lagergetreide, den wechselnden Bedingungen anpassen, ohne daß ein dritter Bedienungsmann nötig ist.

Rotierender Halmteiler für schwerstes Lagergetreide

Pick-Up-Trommel für Schwadendrusch

Der Strohschneider streut das Stroh geschnitten auf 10 bis 20 cm Länge wieder auf das Feld.

Technische Angaben:

Schnittbreite (zwischen den Halmspitzen) 7, 8 oder 10 Fuß	2,1; 2,4; 3,0 m
Schlagleistentrommel, 6 Schlagleisten	450 mm ∅
Schwingschüttlerlänge	3,0 m
Reinigung: 1. Druckwind, 2. Siebsortierer	
Dreschmaschinenbreite	1,4 m
Für jede Halmlänge	
Kürzeste Stoppel	7 cm
Längste Stoppel	40 cm
CLAAS-Patent-Schwingkolbenstrohpresse automatisch zweimal bindend	
Kanalbreite 1,0 m — Bundgewicht 10—25 kg	

Höchste Leistung stdl.	3500 kg Korn, 5000 kg Stroh
Durchschnittsleistung	2000 kg Korn stdl.
stationär	1250 kg Korn stdl.
PS-Bedarf:	Schlepper ab 35 PS oder Schlepper ab 20 PS mit Aufbaumotor, bei Standdrusch 18 PS oder 15 kW
Gesamtgewicht der Maschine	ca. 2400 kg
Länge insgesamt:	6,5 m
Breite in Arbeitsstellung:	5,7 m
Transportbreite:	2,85 m
Gesamthöhe:	3,70 m
Reifen:	13.00—14 AM

Höchste Auszeichnung für CLAAS-Maschinen:

Grand Prix Düsseldorf 1953— Silberne DLG-Preismünze

1953 Hercules

Der selbstfahrende Mähdrescher!

Ein Meisterwerk moderner Mähdrescher - Technik aus den Werkstätten des bekannten Claas-„Super“!

Der „HERCULES“ entstand in mehrjähriger Entwicklungsarbeit aus der Summe der vielen Erfahrungen, die wir mit Tausenden von Mähdreschern in der ganzen Welt sammeln konnten!

CLAAS „Hercules“ 1953 bis 1954

Kein Anmähen der Felder, da Frontschnitt.

Überladen der Säcke vom Dach der Maschine, schnell und bequem.

Der HERCULES

ist ein selbstfahrender Frontschnittmähdrescher, vollhydraulisch und elektrisch, mit völlig getrenntem Antrieb für Vorfahrt und Drescheinrichtung und stufenloser Regelung, der vom längsten und dichtesten Getreide bis zur Feinsämerei und Spezialsaat alle Fruchtarten bestens verarbeitet, d. h. mäht, drischt, reinigt, in Säcke oder einen Getreidetank füllt und das Stroh hinter der zweimal bindenden Strohpresse automatisch in sauber gepreßten Bunden am Feld ablegt.

Der „HERCULES" ist in härtesten Erprobungen zu einer kaum noch zu überbietenden technischen Vollendung gebracht worden. Er ist nicht nur die Maschine für den anspruchsvollen Großbetrieb, der auf Riesenleistungen Wert legen muß, sondern auch hervorragend geeignet für den Lohndrescher, der damit Felder in „Handtuchgröße" ohne anzumähen abernten kann.

Die Wendigkeit am Feld und auf der Straße ist überraschend, der Umbau von Transport- in Arbeitsstellung in Sekundenschnelle möglich. Durch die stufenlose Vorfahrtregelung von 0-18 km/Std. kann sich der „HERCULES" durch die schwierigsten Verhältnisse hindurcharbeiten. Die während der Fahrt stufenlos verstellbare Dreschtrommeldrehzahl paßt sich nicht nur allen Feuchtigkeits- und Fruchtverhältnissen an, sondern kann durch Angleichung an die Trockenheit auch jeglichen Körnerbruch vermeiden.

Besonders wichtig ist es, daß der „HERCULES" auch eine einwandfreie Standdreschmaschine mit ca. 40 Ztr. = 2000 kg Stundenleistung darstellt, so daß er nicht nur in der Ernte, sondern auch im Winterdrusch ausgenützt werden kann.

Technische Angaben:

Schneidwerk: 8 Fuß Schnittbreite (Ausland 10 bis 14 Fuß) hydraulisch verstellbar für Stoppelhöhe von 6—60 cm.

Lagerfrucht - Mäheinrichtung und hydraulisch heb- und senkbare Pick-Up-Haspel.

Unabhängiger Fahr- und Dreschantrieb.

Stufenloser Antrieb für Fahrgeschwindigkeiten von 0-18 km/Std.

Stufenloser Antrieb für Dreschtrommel von 650—1350 Umdrehungen.

Moment-Korbverstellung.

2-fache Reinigung und Sortierung in 3 Sorten.

Sortierzylinder und Absackung auf dem Dach der Maschine, 15—20 Ztr. Korn können auf der Maschine mitgeführt werden.

Hochleistungs-Schüttler, große Siebreinigung.

Organisch eingebaute Strohpresse, 1 m Kanalbreite, 2 × bindend.

Vierfache Luftbereifung.

Motor: Benzin 56 PS oder gegen Mehrpreis Hochleistungs-Diesel-Motor 50—60 PS
Getriebe und Differential im Ölbad

Bremse, (auch als Einzelradbremse wirkend)

Scheinwerfer

Eingebauter Tourenzähler für Dreschtrommel.

Der Claas-„HERCULES" ist geeignet zum Ernten aller Getreidearten und Feinsämereien. Seine Stundenleistung beträgt bis 40 dz Korn, Durchschnittsleistung 20 — 25 dz. Flächenleistung: 0,75—1 ha/Stunde.

Auf Wunsch wird der Claas-„HERCULES" geliefert:

a) mit Getreidetank,
b) mit Pick-Up-Aufgreifervorrichtung,
c) ohne Strohpresse,
d) mit Zusatzsieben für besondere Fruchtarten.

Gewicht des Mähdreschers: 3950 kg

Abmessungen:

Länge insgesamt		7,— m
Breite (mit 8 Fuß)		2,6 m
Höhe		3,8 m
Transportbreite		2,6 m
Spurbreite	vorne	2400 mm
„	hinten	1460 mm
Bereifung		
	vorne	10 × 28 AS T4
	hinten	8,50 × 12 AM T3
Trommelbreite		1250 mm
6 Schlagleisten		
Schüttlerlänge		2400 mm
Schüttlerbreite		1200 mm
Siebfläche		920 × 1070 mm

Abbildungen und technische Daten unter Vorbehalt von Konstruktionsänderungen.

GEBR. Claas

Maschinenfabrik G. m. b. H.

Harsewinkel i. W.

Fernsprecher 244 und 266

Nr. 152. 1. 53

CLAAS „Junior“ 1953 bis 1969

CLAAS-»JUNIOR«

der „kleine Super"

Transport mit hochgeklapptem Schneidwerk

Aus dem seit Jahren in aller Welt bewährten »Super« entstand der Kleinmähdrescher Claas-»Junior«. Bereits im ersten Jahre seines Erscheinens kamen große Stückzahlen in Europa zum Einsatz und wurden ein **überwältigender Erfolg.**

Das war nur möglich, durch die folgerichtige Weiterentwicklung der schon im »Super« bewährten Konstruktionsrichtlinien.

Der Claas-»Junior« ist so robust und einfach gebaut, so kinderleicht zu bedienen und so groß in der Leistung, daß es eine Freude ist, mit ihm zu arbeiten. Viele langjährige Mähdrescher-Versuche in allen Erdteilen, unter allen nur denkbaren Erntebedingungen, haben ihn zu einer Universalmaschine gemacht, wie sie sich jeder Landwirt wünscht.

Kleine Schlepper

Der »Junior« ist ganz auf »Leichtgängigkeit« gebaut und daher schon von jedem normalen 25 PS-Zapfwellenschlepper anzutreiben. Die breitbeschickte, äußerst leichtgängige Schlagleistentrommel erzielt bereits mit solchen 25 PS-Schleppern beachtliche Dreschleistungen. Für Schlepper unter 25 PS stehen preiswerte Zusatzmotoren zur Verfügung.

Die in allen Teilen ausgereifte Konstruktion, die allen Fruchtarten und Druschverfahren in einfachster Weise angepaßt werden kann, läßt nunmehr auch für den Kleinbetrieb kaum mehr Wünsche offen.

Der »Junior« ist ortsbeweglich und wendig. Zum Transport wird mit wenigen Handgriffen wie beim »Super« das Schneidwerk hochgeklappt, und die Maschine kann auf Straßen und Wegen im 20 km-Tempo transportiert werden.

Vorderansicht im Schnitt

Geringste Verluste

Das Mähwerk (5½' = 1,65 m) ist mit der vom »Super« bekannten Lagerfruchtmäheinrichtung ausgerüstet. Reichlich dimensionierte Dreschwerkzeuge, Schüttel- und Siebflächen vermeiden so gut wie jeden Verlust.

Eine doppelte, leistungsfähige Reinigung, mit Druckwind und verstellbarem Windsieb sowie Wechseluntersieb, ergänzt durch einen Sortierzylinder (mit Absackung in 3 Sorten), ergibt sauberes, marktfähig gereinigtes Getreide.

Große Leistungen

Der CLAAS-»Junior« verarbeitet stehendes Getreide ebenso wie jegliche Art von Lagerfrucht, und sei sie noch so plattgewalzt und in allen Richtungen durcheinanderliegend, verunkrautet oder grün durchwachsen, mit erstaunlich hoher Leistung. 25 Zentner Korn sind im Durchschnitt ohne weiteres zu erreichen, aber auch 45 und 50 Ztr. in der Stunde sind schon gedroschen worden. Auch im Standdrusch, wozu der »Junior« sich hervorragend eignet, sind 20 Ztr. leicht zu schaffen. In engen, niedrigen Scheunen läßt er sich mit Kurzeinleger verwenden.

Handliche Strohbunde, 1 oder 2 x gebunden

Beste Strohbunde

Der» Junior« wird wie alle Claas-Mähdrescher mit einer organisch eingebauten Hochleistungs-Schwingkolben-Strohpresse ausgestattet. Das Stroh verläßt einmal bzw. zweimal gebunden den 1 m breiten – bei kurzem Stroh auf 80 cm verstellbaren – Preßkanal. Wer auf Garnersparnis Wert legt, verwendet die einmal bindende, wer beste Bunde vorzieht, die zweimal bindende Presse. Die 100.000-fach bewährten Claas-Knoter sorgen in jedem Fall für garantierte Bindesicherheit (und vermeiden Ärger mit offenen Bunden).

Einfacher Arbeitsverlauf beim Claas-»Junior«

Der Schlepper (1) treibt über die Zapfwelle (2) mit Freilauf und Hauptantrieb (3) die Maschine an. Das rechts von der Maschine sitzende Schneidwerk mäht das Getreide u. führt es zur leichtgängigen Breitdreschtrommel (4 u. 5) mit Korb. Das Stroh wird gewendet, auf den Schüttler (7) geworfen und von der Strohpresse (10) zu guten Bunden geformt. Das Korn wird durch die Hauptschnecke (11) in den Wurf (12) gebracht. Dieser wirft es unter gleichzeitig entgrannender Wirkung gleichmäßig auf die Siebe (14), welche die 1. Reinigung vornehmen. Das gereinigte Korn gelangt über die Schnecke (17) in den Kornelevator (21) zum Sortierzylinder (22) und wird hier sortiert in Säcke gefüllt (23 bis 25). Die Überkehr kommt durch die Überkehrschnecke (16) und einen Elevator zum nochmaligen Drusch bzw. Entgrannung (bei Wintergerste) in die Trommel oder auf das Windsieb. Die Spreu wird über eine Sammelwanne (18) in das Spreugebläse (19) gebracht und entweder in Säcken aufgefangen oder auf das Feld geblasen, ganz nach Wunsch.

Seitenansicht im Schnitt

„Quer und Längsfluß vereinigt" ist der schlagende - durch viele In- und Auslandspatente geschützte - Vorteil aller Claas-Mähdrescher der ‚Super'-Reihe

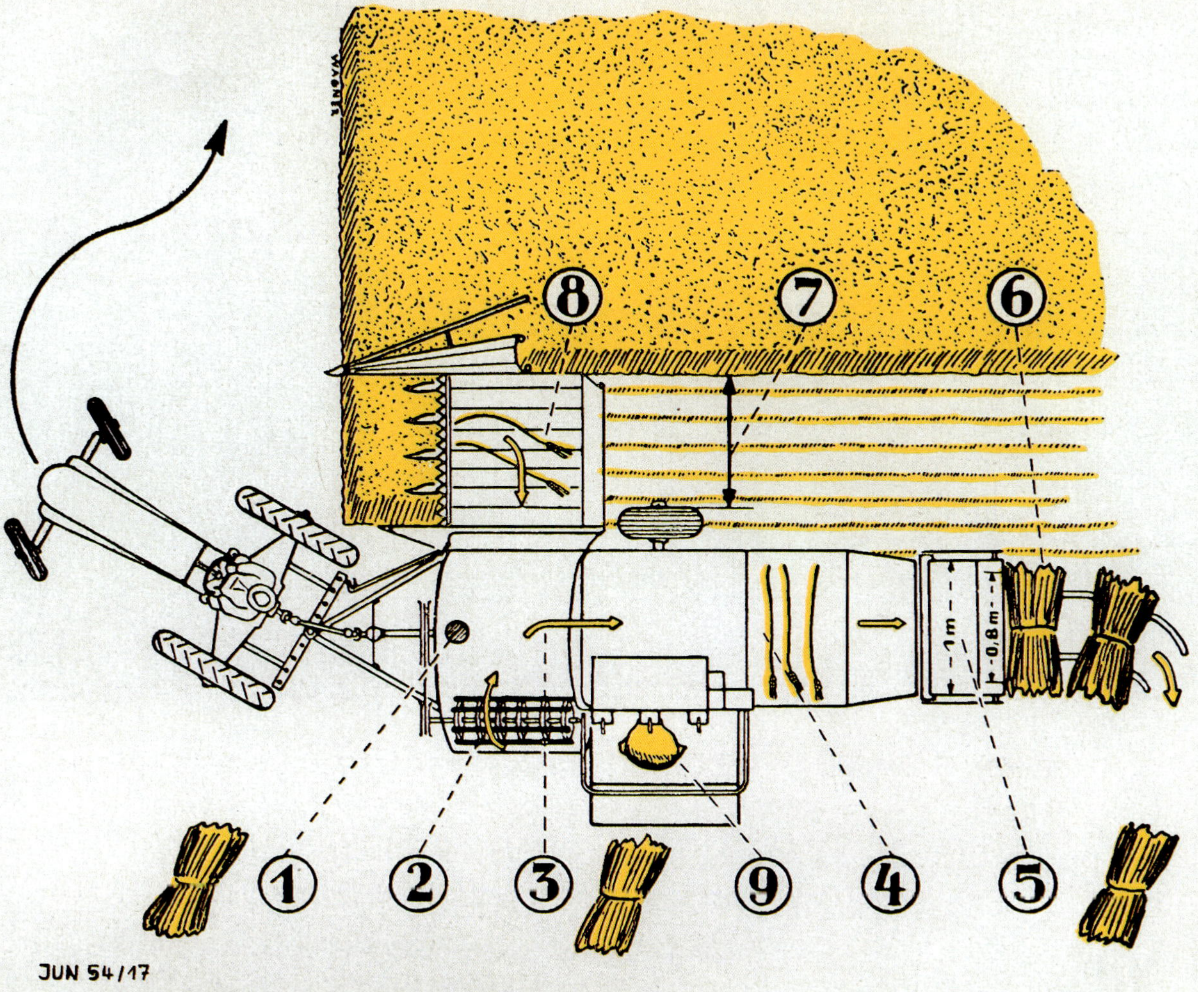

① Der Schwerpunkt der Maschine liegt hinter dem Schlepper. Die Maschine kann – selbst, wenn sie voll beladen ist – auch kleine Schlepper nicht querziehen.

② Die **querbeschickte,** besonders breite Schlagleistentrommel ist sehr leistungsfähig u. wesentlich für die Leichtgängigkeit des »Junior« (Patent).

③ Die Spritzkörner der Dreschtrommel werden nicht in der Schüttelrichtung, sondern quer dazu geschleudert, einer der Hauptgründe für die Verlustfreiheit des »Junior« (Patent).

④ Das Stroh wird aus der Längs- in die Querrichtung gewendet. Ein großer Schüttelraum bewältigt auch stärkste Strohmengen und -längen.

⑤ Die leichte, aber leistungsfähige Schwingkolben-Strohpresse (ein- u. zweimal bindend) preßt das **quer** einfallende Stroh in glatte, 1 m bzw. 80 cm breite Bunde.

⑥ Auch wenn die Maschine ohne Strohpresse arbeitet, wird durch die Anordnung von Quer- und Längsfluß der Strohschwad bei der zweiten Rundfahrt vom Schlepper nicht überfahren, kann also von einer nachfolgenden Pick-Up-Presse sauber und ohne Verlust verarbeitet werden.

⑦ Die Laufräder des »Junior« befinden sich in kurzem Abstand zum Mähwerk, aber in großem Abstand von der Feldkante, so daß an Feldecken niemals Getreide umgewalzt wird und die Maschine auch ohne zusätzliche Steuervorrichtungen an Feldecken so wendig wie ein Garbenbinder ist und auf kleinsten Schlägen verwendet werden kann.

⑧ Das quer angeordnete Mähwerk ist das denkbar beste für die Arbeit in schwerem Lagergetreide, und infolge seiner fast waagerechten tiefen Lage entstehen niemals Strohstauungen beim Transport. Der große Torpedo-Halmteiler teilt das Feld in bester Weise. Auf Wunsch ist ein rotierender Halmteiler lieferbar.

⑨ Absackstand links an der Maschine als Gegengewicht zum Schneidwerk. 3 bis 5 Säcke können auf einer verbreiterten Plattform mitgeführt und direkt einem Ackerwagen übergeben werden.

Durch die Vereinigung von „Quer- und Längsfluß" kommen die Vorteile des unvergleichlich gut arbeitenden Seitenschneidwerks mit querbeschickter Schlagleistentrommel zu größten Schüttel- und Siebflächen in der Fahrtrichtung, bei kleinster Anmähbreite.

Überladen der vollen Säcke gleich auf einen Wagen – beim Junior möglich durch die verlängerte Absackplattform

TECHNISCHE ANGABEN:

Schnittbreite 5½ Fuß = 1,65 m
(zwischen den Halmteilern)
Schlagleistentrommel
(6 Schlagleisten) 1250 mm breit, 450 mm Ø
Dreschmaschinenbreite . . . . 1,4 m
Schwingschüttler-Länge . . . . 2960 mm
Reinigung: 1. Druckwind (2 Siebe): Größe 1070x740 mm
2. Siebsortierer
Größte zu verarbeitende Halmlänge . 2,2 m
Stoppelhöhe 7 – 40 cm verstellbar
Schwingkolbenstrohpresse:
automatisch 1 oder 2 mal bindend
Kanalbreite 1 m (0,80 m) – Bundgewicht: 8 – 15 kg

Höchste Leistung 2000 kg Korn stdl.
Durchschnittsleistung 1250 kg Korn stdl.
Standdrusch 1000 kg Korn stdl.
Kraftbedarf: Schlepper von 25 PS an mit Zapfwelle oder
15-22 PS-Schlepper mit billigem Zusatzmotor.
Bei Standdrusch 15 PS bzw. 12 KW
Gesamtgewicht der Maschine ca. 1950 kg
Maße in Arbeitsstellung:

Länge (einschließlich Strohrutsche)	7,70 m
Breite	5,30 m
Höhe	2,85 m
Transportlänge	6,15 m
Transportbreite	2,90 m

Reifen 10,00 – 15 AM

Technische Angaben, Maße und Gewichte sind unverbindlich

mehr ernten | **mit einem**
besser ernten | **CLAAS-JUNIOR**
billiger ernten | **ernten.**

174. 5. 55.

GEBR. CLAAS / MASCHINENFABRIK GMBH / HARSEWINKEL i.W. / TELEFON 244/266

CLAAS „S. F.“ 1955 bis 1963

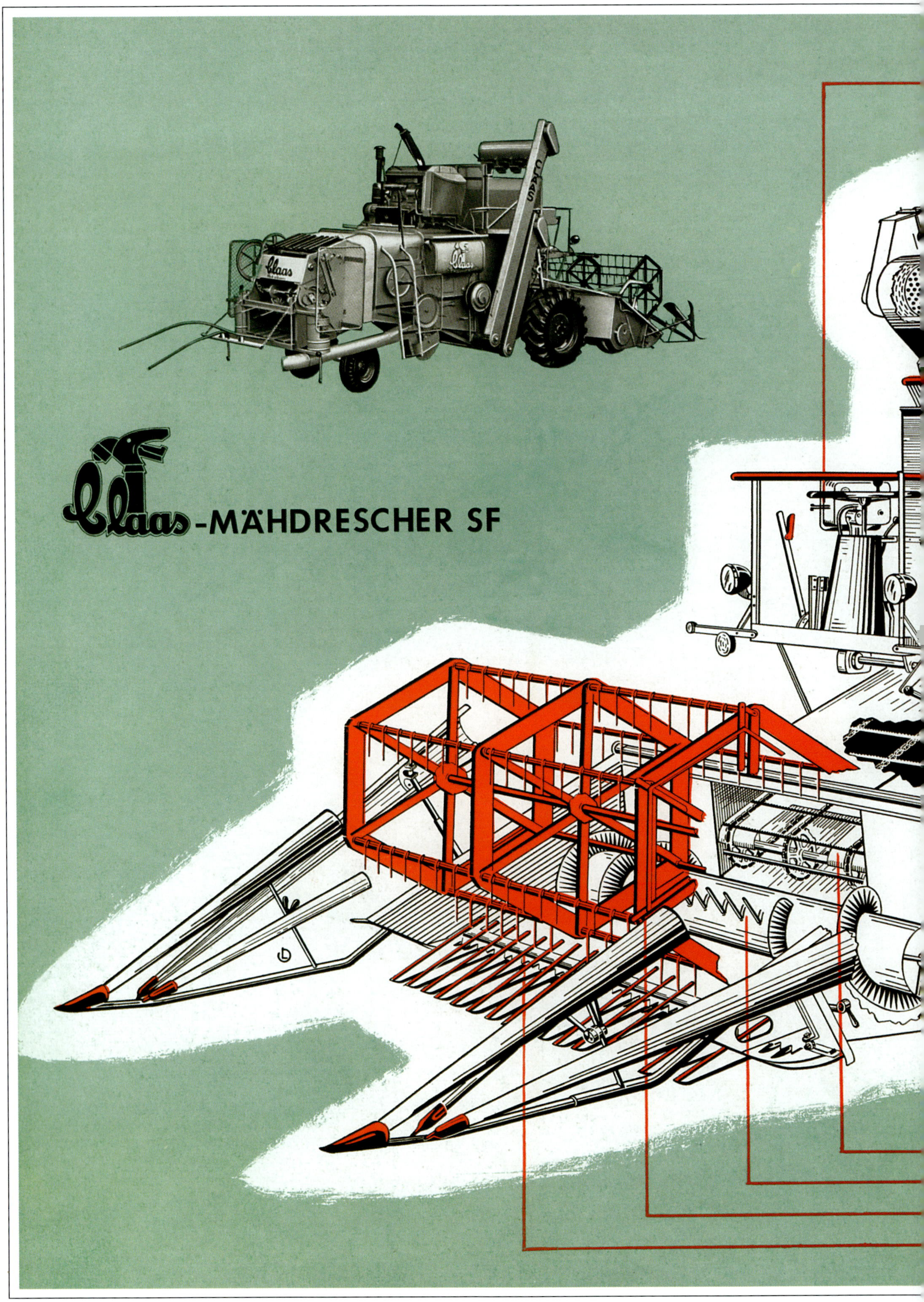

CLAAS „S. F.“ 1955 bis 1963

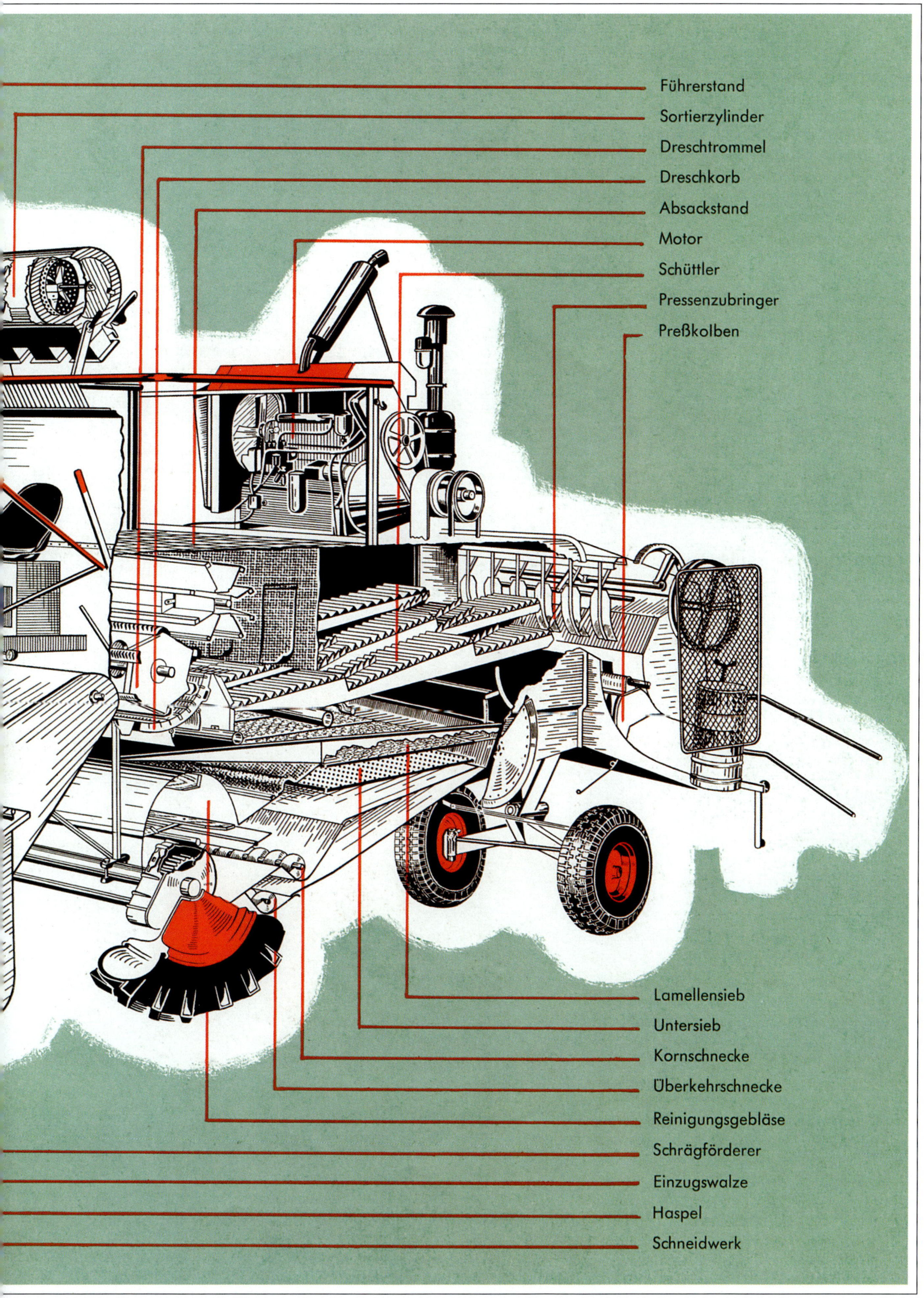
Führerstand
Sortierzylinder
Dreschtrommel
Dreschkorb
Absackstand
Motor
Schüttler
Pressenzubringer
Preßkolben
Lamellensieb
Untersieb
Kornschnecke
Überkehrschnecke
Reinigungsgebläse
Schrägförderer
Einzugswalze
Haspel
Schneidwerk

DAS TECHNISCHE:

Motor	4 Zylinder Diesel 60 PS oder 6 Zylinder Benzin 56 PS
Getriebe	Dreiganggetriebe mit Einscheiben-trockenkupplung. 1. Gang: 2—4,5 km/st. 2. Gang: 4,3—9,5 km/st. 3. Gang: 8,5 bis 17 km/st. Rückwärtsgang 3,5—7,7 km/st. Geschwindigkeit in den einzelnen Gangstufen hydraulisch stufenlos regelbar
Schneidwerk	2,60 m Schnittbreite (für überseeische Verhältnisse auch 3 m [10 Fuß] oder 3,60 m [12 Fuß], hydraulisch verstellbar für Stoppelhöhe von 6—75 cm, einstellbare Tiefenbegrenzung. Bei 2,60-m-Schneidwerk serienmäßig 17 Ährenheber für Lagergetreide
Haspel	Gesteuerter Pick-Up-Haspel mit Federzinken, hydraulisch verstellbar (DBP. 930 662)
Dreschtrommel	450 mm ⌀, 1250 mm breit, 6 Schlagleisten. Trommeldrehzahl hydraulisch stufenlos zu regulieren von 650—1400 Umdrehungen pro Minute, Drehzahl am Tourenzähler ablesbar
Dreschkorb	Mit vom Fahrersitz zu bedienender Momentverstellung
Schüttler	Vierteiliger Hordenschüttler, 1250x2400 mm groß
Reinigung	1. Reinigung: Druckwind-Reinigung mit verstellbarem Lamellensieb und auswechselbarem Untersieb 920x1070 mm (4 Untersiebe serienmäßig mitgeliefert). 2. Reinigung: Sortierzylinder mit Wechselsieb, ebenfalls 4 Siebe serienmäßig bei der Maschine, Sortierung in 3 Qualitäten. Sondersiebe auf Wunsch lieferbar
Strohpresse	Organisch eingebaute, zweimal bindende Schwingkolbenpresse mit 1 m Kanalbreite, Bundgröße beliebig einstellbar
Absackstand	Auf dem Dach der Maschine mit verstellbarer Sackrutsche zum Überladen der Säcke auf einen Wagen oder wahlweises Abwerfen auf das Feld. Ca. 15 Zentner können auf der Maschine mitgeführt werden. Korntank wird auf Wunsch geliefert
Bereifung	Vorn 13—26 AS, hinten 8,50—12 AM
Spurweite	Vorn 2200 mm (bei 10- und 12-Fuß-Schneidwerk 2500 mm), hinten 1150 mm, **Radstand:** 3200 mm
Bremsen	Mechanische Handbremse, mechanische Fußbremse (auch als Einzelradbremse wirkend)
Beleuchtung	Scheinwerfer (Begrenzungsleuchten, Schlußlichter, Rückstrahler gegen Mehrpreis)
Sicherheitskupplungen	Federbelastete Doppelscheiben-Sicherheitskupplungen gegen Überlastung und Bruch an Haspel, Einzugswalze, Messerantrieb, Schrägförderer, Kornschnecke und Überkehrschnecke, zahlreiche andere Sicherheitsvorrichtungen wie Scherstifte und -schrauben, elektrische Warnvorrichtungen u. ä.
Gewicht des Mähdreschers	ca. 4200 kg
Gewicht der Strohpresse	510 kg
Maße	In Arbeitsstellung: Länge a: 9,05 m; Breite b: 3,30 m; Höhe c: 3,80 m Beim Transport: Länge d: 7,32 m; Breite e: 3,00 m; Höhe f: 3,21 m (Elevator zurückgeklappt, Auspuff und Luftfilter abgenommen.)
Leistung	Im Mähdrusch je nach Fruchtart und Bestand bis 80 Zentner (4000 kg) marktfertig gereinigtes Korn — im Standdrusch etwa bis 40 Zentner (2000 kg) Korn

Technische Angaben, Maße und Gewichte sind unverbindlich — Konstruktionsänderungen vorbehalten

GEBR. CLAAS · MASCHINENFABRIK GMBH · HARSEWINKEL i. W. · TEL. Sa.-Nr. 341
Fernschreiber 0933877

195. 4. 56

CLAAS „Huckepack“ 1957 bis 1960

CLAAS-„HUCKEPACK"

— ein neuer CLAAS-Patent-Selbstfahrer für den bäuerlichen Betrieb. Der „Huckepack" ist ein Mähdrescher langjährig bewährter CLAAS-Bauart mit Lagerfrucht-Mäheinrichtung am hydraulisch verstellbaren Frontschneidwerk, mit breiten, leistungsfähigen Dreschorganen, langem, dreiteiligem Hordenschüttler, großflächiger Reinigung, Sortierung in drei Sorten und angebauter CLAAS-Schwingkolben-Strohpresse.

Unabhängig vom Fahrwerk, das ein luftgekühlter Dieselmotor antreibt, wird das Dreschwerk durch einen VW-Industrie-Motor betrieben.

Was unterscheidet den CLAAS-„Huckepack" von allen Selbstfahrern?

Mähdreschergehäuse und Fahrgestell lassen sich auf besondere Art in etwa einer Stunde leicht voneinander trennen! Das Fahrgestell arbeitet außerhalb der Erntezeit als ...

TECHNISCHE DATEN:

Dreschwerk:

Motor	VW-Industrie-Motor
Schneidwerk	7 Fuß = 2,10 m Schnittbreite; Schneidwerk und gesteuerter Federzinken-Pick-Up-Haspel hydraulisch verstellbar; 14 Ährenheber serienmäßig mitgeliefert.
Dreschtrommel	450 mm ∅, 800 mm breit, 6 Schlagleisten; Drehzahl verstellbar von 890—1380 U/min
Schüttler	3teiliger Hordenschüttler
Reinigung	1. kombinierte Druckwind- und Siebreinigung mit Lamellensieb und auswechselbarem Untersieb; 2. Sortierzylinder mit Wechselsieben, Sortierung in drei Sorten
Strohpresse	eingebaute Schwingkolben-Strohpresse, zweimal bindend; mit Patent-Ballenbremse als Überlastungsschutz; Bundgröße beliebig einstellbar
Maße	in Arbeitsstellung: Länge 8,70 m, Breite 3,15 m, Höhe 2,52 m — in Transportstellung: Länge 6,95 m, Breite 2,52 m, Höhe 2,75 m
Leistung	im Mähdrusch je nach Fruchtart und Bestand bis 20 dz = 2000 kg

Fahrwerk:

Motor	luftgekühlter 4-Takt-Dieselmotor
Getriebe	5 Vorwärtsgänge, 1 Rückwärtsgang — durch Wendegetriebe umschaltbar auf beide Fahrtrichtungen — Vorfahrt als Mähdrescher 1,4—15,2 km/st, Rückwärtsgang 3,1 km/st — Vorfahrt als Geräteträger 1,7—18,1 km/st, Rückwärtsgang 3,7 km/st (Geschwindigkeiten gelten für Motor-Enddrehzahl) — Normzapfwelle und wegabhängige Zapfwelle — Differentialsperre — Einzelradbremse und Feststellbremse
Bereifung	Lenkachse 5,50—16 TF Triebachse 9,00—24 AS
Spurweite	Lenk- und Triebachse verstellbar von 1250—1875 mm
Montagezeit	Umstellung von Mähdrescher auf Geräteträger etwa 1 Stunde

Patente im In- und Ausland angemeldet

Technische Angaben, Maße und Gewichte sind unverbindlich
Konstruktionsänderungen vorbehalten

... SCHLEPPER UND GERÄTETRÄGER

Durch diese zusätzliche Ausnutzung des Fahrgestells bietet der CLAAS-„Huckepack" eine bei selbstfahrenden Mähdreschern bisher unbekannte wirtschaftliche Ausnutzung des investierten Maschinenkapitals.

Das zweiholmige Fahrgestell weist alle Merkmale eines modernen Schleppers bzw. Geräteträgers auf. Zwischen den Achsen lassen sich die gebräuchlichen Geräteträger-Arbeitswerkzeuge montieren und hydraulisch betätigen. Zudem ist hinter der Triebachse eine Dreipunkt-Hydraulik vorhanden; sie gestattet die Benutzung aller genormten Dreipunktgeräte für Schlepper gleicher Größenklasse. Dem gut abgestuften 5-Gang-Getriebe ist ein Wendegetriebe vorgeschaltet, das die Ausnutzung sämtlicher Gänge in beiden Fahrtrichtungen erlaubt.

GEBR. CLAAS · MASCHINENFABRIK GMBH · HARSEWINKEL i.W. · TEL. 341 (Sa.-Nr.)

AHL. AA. DH.

CLAAS „Huckepack" 1957 bis 1960

Niedriger Preis + hohe Leistung =

CLAAS-COLUMBUS

- ein Selbstfahrer mit 6 Fuß = 1,80 m Schnittbreite
- Schneidwerk gefedert zur automatischen Anpassung an Bodenunebenheiten
- Hydraulik zur Bedienung von Haspel, Schneidwerk und stufenloser Vorfahrt
- 800 mm breite Dreschtrommel
- Steinfangmulde zum Schutz gegen Beschädigung der Dreschwerkzeuge
- reichlich bemessene Schüttel- und Reinigungsorgane
- hochgelegener Absackstand zum wahlweisen Überladen oder Ablegen der vollen Säcke
- zweimal bindende Strohpresse mit breitem Preßkanal
- großvolumige Bereifung
- wahlweise mit 27 PS Benzin- oder 34 PS Dieselmotor lieferbar

Schwierige Verhältnisse –

kein Problem für den „CLAAS-COLUMBUS"! Besonders beim Mähen von LAGERGETREIDE unter ungünstigen Bodenverhältnissen zeigt sich die Überlegenheit des durch Federn ausgewogenen Frontschneidwerkes, das sich selbsttätig allen Feldunebenheiten anpaßt. Schneidwerk und Pick-Up-Haspel werden bei der Aufnahme von Lagergetreide wirksam unterstützt durch die Zwangszuführung mittels Einzugswalze und Kettenschrägförderer. So ist es möglich, selbst völlig plattgewalzte, verunkrautete und gründurchwachsene Felder nahezu verlustlos abzuernten.

TECHNISCHE DATEN:

Motor: VW-Industriemotor 27 PS, luftgekühlt, oder 4-Zylinder-Perkins-Diesel 34 PS, wassergekühlt

Getriebe: Dreigang-Getriebe (3 Vorwärtsgänge, 1 Rückwärtsgang) mit Einscheiben-Trockenkupplung, Geschwindigkeit innerhalb der einzelnen Gänge hydraulisch stufenlos regelbar

Schneidwerk: Schnittbreite 1,80 m, hydraulisch verstellbar für Stoppelhöhe von 6—60 cm, Schneidwerk zur selbsttätigen Anpassung an Bodenunebenheiten durch Federn ausgewogen, Messer, Haspel und Einzugsorgane unabhängig vom Dreschwerk mit einem Handgriff abschaltbar, 12 Ährenheber für Lagergetreide serienmäßig mitgeliefert

Haspel: gesteuerter Pick-Up-Haspel mit Federzinken, hydraulisch höhenverstellbar

Dreschtrommel: 450 mm ⌀, 800 mm breit, 6 Schlagleisten, Trommeldrehzahl durch Wechselräder von 620—1380 U/min verstellbar

Dreschkorb: mit Momentverstellung und vorgesetzter Steinfangmulde

Schüttler: dreiteiliger Hordenschüttler

Reinigung: 1. Reinigung: Druckwindreinigung mit verstellbarem Lamellensieb und auswechselbarem Untersieb (4 Untersiebe serienmäßig mitgeliefert)

2. Reinigung: Sortierzylinder mit Wechselsieb, ebenfalls 4 Siebe serienmäßig bei der Maschine, Sortierung in 3 Qualitäten

Absackstand: (Patent angem.) auf der linken Seite der Maschine, zum wahlweisen Überladen oder Ablegen der vollen Säcke

Bereifung: vorn 9—24 AS, hinten 5,50—16 TF

Spurweite: vorn 1600 mm, hinten 1000 mm

Radstand: 2900 mm

Bremsen: mechanische Fußbremse (auch als Einzelradbremse wirkend), unabhängig davon mechanische Handbremse

Sicherheitskupplungen: Federbelastete Doppelscheiben-Sicherheitskupplungen gegen Überlastung an Haspel, Einzugswalze, Messerantrieb u. a. – Zahlreiche andere Sicherheitseinrichtungen

Gewicht des Mähdreschers: ca. 2100 kg

Gewicht der Strohpresse: ca. 310 kg

Maße: In Arbeitsstellung: Länge 8700 mm, Breite 2800 mm, Höhe 2450 mm

In Transportstellung: Länge 7050 mm, Breite 2350 mm, Höhe 2680 mm

Leistung: Im Mähdrusch je nach Fruchtart und Bestand bis 30 Ztr. (1500 kg) marktfertig gereinigtes Korn

Strohpresse: organisch eingebaute zweimal bindende Schwingkolbenpresse mit 700 mm Kanalbreite, Bundgröße stufenlos einstellbar, Ballenbremse zur Regelung des Preßdruckes und als Überlastungsschutz (CLAAS-Patent)

Weitere **Zusatzeinrichtungen:** auf Wunsch lieferbar Federzinken-Pick-Up-Trommel, Korntank (auch mit Absackvorrichtung), Strohhäcksler, Sonderdruscheinrichtungen u. a.

Technische Angaben, Maße und Gewichte sind unverbindlich – Konstruktionsänderungen vorbehalten

»CLAAS-COLUMBUS«

Der neueste CLAAS-PATENT-Mähdrescher

Kennen Sie schon den ausführlichen Prospekt über den CLAAS-COLUMBUS?

Die große europäische Marke

- CLAAS-COLUMBUS
- CLAAS-EUROPA
- CLAAS-HUCKEPACK
- CLAAS-SELBSTFAHRER SF
- CLAAS-SUPER JUNIOR
- CLAAS-JUNIOR AUTOMATIC
- CLAAS-SUPER AUTOMATIC

das vollständigste Mähdrescher-Bauprogramm aus Deutschlands ältester u. größter Mähdrescher-Spezialfabrik

CLAAS-Mähdrescherwerke - 118000 m² Werkshallen

BTN. AT. LT. (Tho.) 250.

GEBR. CLAAS · MASCHINENFABRIK GMBH · HARSEWINKEL/WESTF.

CLAAS „Europa" 1958 bis 1968

CLAAS-EUROPA-

mit 45 PS starkem Motor

Für den CLAAS EUROPA wurde ein besonders starker Motor gewählt, um der Maschine eine ausreichende Kraftreserve auch unter erschwerten Bedingungen zu geben. So ist selbst im schwersten Lagergetreide, am Hang oder bei sehr weitem Korn-/Strohverhältnis eine gleichbleibend hohe Leistung zu erreichen. – Zur Verwendung kommt der im Mähdrescherbau seit Jahren bewährte 4-Zylinder-Perkins-Diesel-Motor, der bei 1500 U/min 45 PS leistet und sich durch Robustheit und lange Lebensdauer auszeichnet

mit Vollhydraulik

Der Maschinenführer beherrscht den CLAAS EUROPA mit dem kleinen Finger! Ohne körperliche Anstrengung bedient er mit der serienmäßig (ohne Mehrpreis) eingebauten Hydraulik-Anlage die Höhenverstellung von Schneidwerk und Haspel und regelt die Fahrgeschwindigkeit stufenlos. Damit hat er die Möglichkeit, Vorfahrt, Schnitthöhe und Haspelhöhe sekundenschnell allen wechselnden Fruchtverhältnissen anzupassen und die große Leistungsfähigkeit der Maschine stets voll auszunutzen

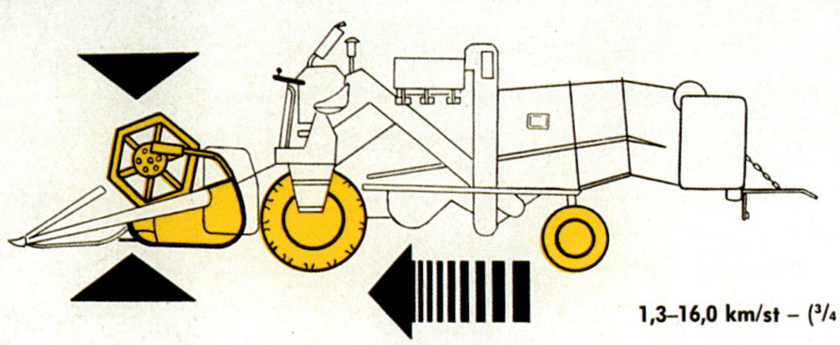

1,3–16,0 km/st – (3/4 – 10 mph)

ein Mähdrescher - wie Sie ihn wünschen

mit großer Bereifung

Niedriger Bodendruck und erhebliche Bodenfreiheit werden erreicht durch die großdimensionierte Bereifung. Die große Spurweite der Triebräder und die ausgeglichene Gewichtsverteilung durch seitliche Anordnung des Motors gegenüber Fahrerstand und Absackplattform verleihen der Maschine eine außergewöhnlich gute Hangsicherheit. Diese Motoranordnung bietet gleichzeitig den Vorteil, daß Dreschtrommel und Korb von oben her für Reinigungsarbeiten leicht zugänglich sind. - Eine Steinfangmulde schützt die Dreschorgane vor Beschädigungen durch Fremdkörper und erhöht die Betriebssicherheit der Maschine

mit fahrsicherer Ausrüstung

Der CLAAS EUROPA wird wie ein Schlepper gefahren - also kuppeln (Einscheiben-Trockenkupplung B) und Gang einlegen (3 Vorwärtsgänge, 1 Rückwärtsgang) - wobei die Geschwindigkeit innerhalb der einzelnen Gänge stufenlos hydraulisch zu regeln ist. Durch die auch als Einzelradbremse wirkende Fußbremse (Scheibenbremse A) ist die Maschine besonders wendig. Schon ohne Betätigung der Einzelradbremse beträgt der Wenderadius nur 1,75 m. Die Handbremse ist unabhängig von der Fußbremse als Getriebebremse ausgeführt

mit „tastendem" Schneidwerk

Eine fühlbare Bedienungserleichterung bietet das gefederte Schneidwerk besonders beim Mähen von Lagergetreide auf unebenem Boden. Die fortlaufende Korrektur der Schnitthöhen-Einstellung erfolgt „tastend" automatisch und unabhängig von der hydraulischen Höhenverstellung. Durch eine vom Fahrer zu bedienende Schnellkupplung können Messer, Haspel und Einzugsorgane zur Unterbrechung der Getreidezuführung sekundenschnell abgeschaltet werden. Das Schneidwerk des CLAAS EUROPA wird serienmäßig mit 14 Ährenhebern (CLAAS-Patent) und zwei dreiteiligen, verstellbaren Halmteilern (CLAAS-Patent) ausgerüstet

mit reichlich bemessenen „Verdauungsorganen"

Entsprechend der hohen Dreschleistung des CLAAS EUROPA sind die „Verdauungsorgane" (Schüttler und Reinigung) besonders groß bemessen. Der über zwei Kurbelwellen angetriebene, sehr lange dreiteilige Hordenschüttler garantiert eine sorgfältige Ausschüttelung. Die Druckwindreinigung, mit neuartiger Vorabsiebung, verstellbarem Lamellensieb und auswechselbarem Untersieb, reinigt das Getreide marktfertig. Der Übergang der Reinigung, die sogenannte Überkehr, wird durch den Überkehrelevator nochmals der Dreschtrommel zugeführt

Der Mähdrusch

hat sich als neuzeitliches Ernteverfahren in wenigen Jahren durchgesetzt, weil er nicht nur die Erntekosten senkt, erhebliche Arbeitserleichterungen bringt und den Landwirt unabhängig von fremden Arbeitskräften macht, sondern auch den Ertrag noch um etwa 10 % erhöht. - Nicht nur in der Ebene arbeitet der CLAAS EUROPA zuverlässig, auch stark geneigte Hanglagen werden mit bestem Erfolg gemeistert, und immer wieder überrascht die hohe Leistung des EUROPA in schwerstem Lagergetreide. Kurze Ährenheber und Zwangszuführung durch Pick Up-Haspel, gesteuerte Einzugswalze und Kettenförderer sorgen für saubere und nahezu verlustfreie Aufnahme

Der Schwaddrusch

erweitert die Einsatzmöglichkeiten des CLAAS EUROPA und ist vor allem für empfindliche Fruchtarten wie Raps, Erbsen, Grassamen, für stark verunkrautete oder ungleichmäßig reifende Felder und bei feuchter Witterung zu empfehlen. Das in Schwaden gelegte und abgetrocknete Dreschgut wird durch die Pick Up-Trommel, die vor dem Schneidwerk anzubringen ist, sauber aufgesammelt und während der Fahrt ausgedroschen. Selbstverständlich ist der CLAAS EUROPA ohne Umbau auch im Stand- und Hokkendrusch einzusetzen.

Korn in Säcken

Das ausgedroschene Getreide wird marktfertig gereinigt, im Sortierzylinder in 3 Qualitäten sortiert und in Säcke gefüllt. Auf dem geräumigen Absackstand können mehrere volle Säcke mitgeführt und nach Wunsch entweder auf dem Feld reihenweise abgelegt oder auf einen bereitstehenden Wagen übergeladen werden. Die Absackplattform ist so hoch angebracht, daß sie mit der Höhe der Ladefläche gebräuchlicher Ackerwagen übereinstimmt

Sacklose Kornbergung

Der Korntank, der auf Wunsch anstelle des Absackstandes aufgebaut wird, faßt etwa 1000 kg Körner und spart einen Bedienungsmann. Seine Schnellentleerung wird durch eine Kupplung vom Fahrersitz aus bedient und erfolgt entweder in einen bereitstehenden oder – während der Arbeit – in einen nebenherfahrenden Wagen. Für Betriebe, die noch nicht auf sacklose Kornbergung eingestellt sind, aber auf die Einmann-Bedienung nicht verzichten können, wird auf Wunsch eine Absackvorrichtung zum Tank geliefert

Mit Strohpresse

Für die Strohbergung bietet der CLAAS EUROPA verschiedene Lösungen. Die Einbau-Strohpresse nach der bewährten CLAAS-Schwingkolben-Bauart formt kantige, zweimal gebundene Ballen, deren Länge stufenlos einstellbar ist. Sie lassen sich sehr gut transportieren und raumsparend stapeln. – Eine Ballenbremse (CLAAS-Patent) am Preßkanalausgang dient zur Regulierung des Preßdruckes und schützt gleichzeitig vor Überlastungen

Ohne Strohpresse

Wenn eine Sammelpresse (CLAAS-Patent-Pick Up „LD" oder „HD") vorhanden ist, bietet der pressenlose Mähdrescher die Möglichkeit zur vollmechanisierten Getreideernte. Das Stroh wird zunächst lose in Schwaden abgelegt, die Leistung des Mähdreschers erhöht sich dabei um 5–10%. Später werden die Schwaden mit der Pick Up-Presse aufgenommen, gepreßt und gleichzeitig auf Wagen geladen

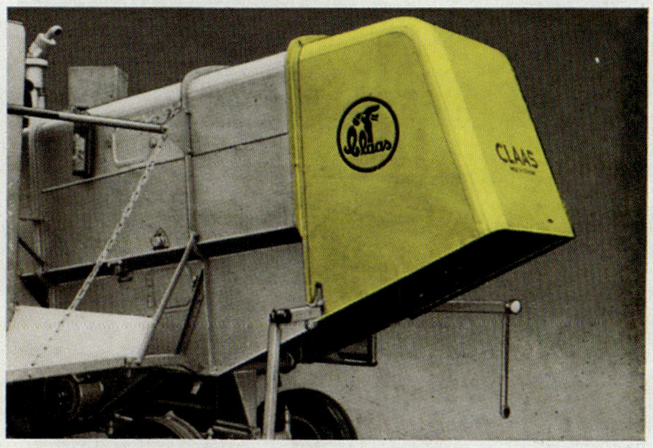

Mit Strohhäcksler

Wenn nur ein Teil des Strohes für Einstreu und Fütterung benötigt wird, ist die Kombination von Häcksler und Presse zu empfehlen (CLAAS-Patent). Wahlweise kann so das Stroh geschnitten und breitgestreut oder (nach Hochschwenken des Häckslers) in Ballen gepreßt werden. - Eine weitere Lösung ist der Einbau-Strohhäcksler für den pressenlosen Mähdrescher. Er läßt die Wahl zwischen Häckseln und Breitstreuen zum späteren Unterpflügen oder Schwadablage ungehäckselten Strohes zum nachfolgenden mechanischen Sammeln und Laden

TECHNISCHE DATEN

Motor: 4-Zylinder-Diesel-Motor, 45 PS

Getriebe: Dreiganggetriebe mit Einscheiben-Trokkenkupplung (3 Vorwärtsgänge, 1 Rückwärtsgang), Geschwindigkeit innerhalb der einzelnen Gänge hydraulisch stufenlos regelbar (1,3–16,0 km/st).

Schneidwerk: Schnittbreite 2,10 m, hydraulisch verstellbar für Stoppelhöhe von 6 bis 60 cm, Schneidwerk zur selbsttätigen Anpassung an Bodenunebenheiten federnd ausgewogen, Messer, Haspel und Einzugsorgane getrennt vom Dreschwerk abschaltbar (Sofortstop). 14 Ährenheber für Lagergetreide serienmäßig mitgeliefert.

Haspel: gesteuerte Pick Up-Haspel mit Federzinken, hydraulisch verstellbar.

Dreschtrommel: 450 mm ⌀, 800 mm breit, 6 Schlagleisten, Trommeldrehzahl durch Wechselräder von 620–1380 U/min verstellbar.

Dreschkorb: mit Momentverstellung und vorgesetzter Steinfangmulde.

Entgrannung: neuartige, auch bei Feuchtigkeit sicher arbeitende Entgrannungseinrichtung (Patent angem.).

Schüttler: langer, dreiteiliger Hordenschüttler, auf 2 Kurbelwellen laufend.

Reinigung: 1. Reinigung: Druckwindreinigung mit verstellbarem Lamellensieb und auswechselbarem Untersieb (4 Untersiebe serienmäßig mitgeliefert).
2. Reinigung: Sortierzylinder mit Wechselsieb (4 Siebe serienmäßig bei der Maschine), Sortierung in 3 Qualitäten.

Absackstand: (Patent angem.) auf der linken Seite der Maschine, zum wahlweisen Überladen oder Ablegen der vollen Säcke.

Bereifung: vorn 10–28 AS, hinten 7.00–12 AM

Spurweite: vorn 1800 mm, hinten 1000 mm

Radstand: 2900 mm

Bremsen: mechanische Fußbremse (auch als Einzelradbremse wirkend), unabhängig davon mechanische Handbremse.

Sicherheitskupplungen:
Federbelastete Doppelscheiben-Sicherheitskupplungen gegen Überlastung an Haspel, Einzugswalze, Messerantrieb u. a. – Zahlreiche andere Sicherheitseinrichtungen.

Gewicht des Mähdreschers:
ca. 2790 kg (ohne Strohpresse)

Gewicht der Strohpresse:
ca. 310 kg

Maße: mit Strohpresse in Arbeitsstellung: Länge 9120 mm, Breite 3150 mm, Höhe 2850 mm, in Transportstellung: Länge 7700 mm, Breite 2750 mm, Höhe 2850 mm.

Strohpresse: organisch eingebaute zweimal bindende Schwingkolbenpresse mit 700 mm Kanalbreite, Bundgröße stufenlos einstellbar, Ballenbremse zur Regelung des Preßdruckes und als Überlastungsschutz (CLAAS-Patent).

Weitere Zusatzgeräte:
Federzinken-Pick Up-Trommel, Korntank (auch mit Absackvorrichtung), Strohhäcksler, Sonderdrusch-Einrichtungen u. a. auf Wunsch lieferbar.

Technische Angaben, Maße und Gewichte sind unverbindlich – Konstruktionsänderungen vorbehalten.

Die große europäische Marke

CLAAS-Mähdrescherwerke – 150 000 m² Werkhallen

GEBR. CLAAS · MASCHINENFABRIK GMBH · HARSEWINKEL i. W.

BAE. E. LE. (Fro) 200

CLAAS „Matador – Gigant“ 1960 bis 1969

JEDER PUNKT EIN VORTEIL

1 **Halmteiler** – mit Innen- und Außenabweiser
2 **Federzinken-Pick Up-Haspel** – hydraulisch verstellbar
3 **Messerbalken mit Ährenhebern**
4 **Einzugswalze** – in der Höhe verstellbar
5 **Kettenschrägförderer** – zusammen mit Schneidwerk unabhängig von Dreschorganen abzuschalten
6 **Steinfang- und Entgrannungseinrichtung**
7 **Dreschkorb** – mit Momentverstellung
8 **Dreschtrommel** – 1,25 m breit
9 **Wendetrommel** – zur Strohführung
10 **Hordenschüttler** – auf zwei Kurbelwellen gelagert
11 **Gebläse** – für Druckwindreinigung
12 **Vorbereitungsboden** – mit Vorabsiebung
13 **Lamellensieb** – mit anschließenden Nasensieben
14 **Wechselsieb** – je nach Fruchtart auszuwechseln
15 **Kornschnecke** – mit Rutschkupplung
16 **Überkehrschnecke** – mit Rutschkupplung
17 **Korntank** – faßt 2155 Liter, mit Korntankaufsatz 2690 Liter
18 **Überkehrauslauf** – Zuführung zum nochmaligen Drusch
19 **Sechszylinder-Dieselmotor** – 87 PS
20 **Fahrerstand** – zentral über dem Schneidwerk
21 **Triebachsvorgelege** – im Vollölbad
22 **Laufräder** – vorn 15–30, hinten 11,5–15, hydraulische Lenkhilfe

ALLESDRESCHER
MATADOR GIGANT

CLAAS-Mähdrescher sind Allesdrescher. Sie wurden für die Ernte aller dreschbaren Feldfrüchte geschaffen; nicht nur für Getreide, auch für Sonderfrüchte wie Bohnen, Erbsen, Grassamen oder Klee, Raps, Mais und Reis. Durch den sehr einfachen Anbau praktischer Zusatzgeräte wird der CLAAS MATADOR GIGANT zu einer universellen Erntemaschine.

1. **Anbaustrohpresse** – vor allem für Lohnbetriebe, deren Kunden sofort beim Mähdrusch das Stroh gepreßt haben wollen. Bei der organisch in den Mähdrescher eingebauten Strohpresse werden die zweimal gebundenen Ballen über eine Strohrutsche auf die Stoppeln abgelegt. Die Kanalbreite beträgt 100 cm, die Höhe 35 cm. Länge und Festigkeit der Ballen sind stufenlos einstellbar. Die eingebauten CLAAS-Knoterapparate sind für ihre hohe Betriebssicherheit bekannt.

2. **Strohhäcksler** – beim pressenlosen Mähdrescher unter der Strohausfallhaube. Durch Leitbleche wird das gehäckselte Stroh auf Schnittbreite gleichmäßig verteilt. Soll das Stroh ungehäckselt in Schwaden abgelegt werden, einfach den Häcksler nach vorn schieben und die Leitbleche umstellen. Durch die für CLAAS patentierte Anordnung des **Häckslers hinter der Strohpresse** kann das Stroh wahlweise auf dem Feld breitgestreut oder nach einfachem Hochschwenken des Häckslers in Bunde gepreßt werden.

3. **Körnermais** läßt sich mit der Maisdruscheinrichtung besonders arbeitssparend ernten. Das drei- oder vierreihige **Spezialmaisschneidwerk** nimmt die Pflanzen selbst bei abgeknickten oder liegenden Beständen in ihrer ganzen Länge auf. Mit angebautem Häcksler wird das Maisstroh kurzgeschnitten auf die Stoppeln gestreut. Das Feld ist sofort wieder pflugfertig.
Der neu entwickelte CLAAS-**Mais-Pflückvorsatz** eignet sich besonders für landwirtschaftliche Betriebe und Lohndrescher, die hohe Flächenleistungen bei der Ernte verlangen. Drei- oder vierreihig wird der Pflücker für den MATADOR GIGANT geliefert.

4. **Beim Drusch von Sumpfreis** wird der MATADOR GIGANT statt der Triebräder mit breiten, langen Raupenketten ausgerüstet, die ein sicheres Arbeiten auch in sumpfigem Gelände ermöglichen. Durch die vorzügliche Geländegängigkeit des Raupenfahrwerks können hohe Dämme zwischen den Feldern leicht überwunden werden. Zum Dreschen sind die außergewöhnlich verschleißfesten Spezial-Stiftendreschwerkzeuge erforderlich, die beim Reisdrusch die normale Dreschausrüstung ersetzen.

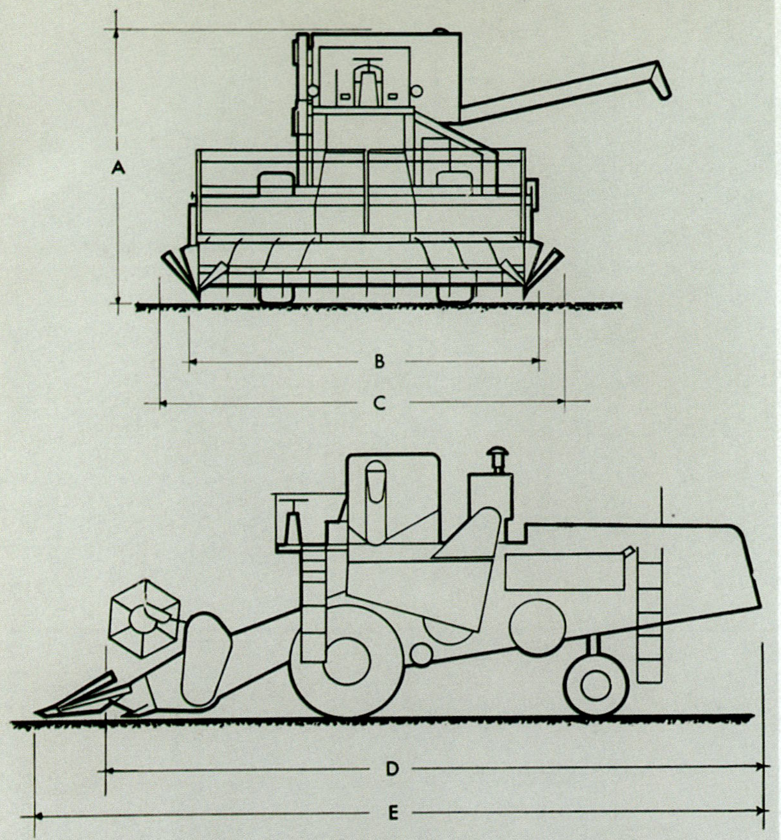

MATADOR GIGANT mit Transportwagen für breites Schneidwerk

PLUSPUNKTE FÜR CLAAS

Was man vom Matador Gigant wissen muß:

- **Schneidwerk:** Schnittbreite 14 – 20 Fuß (4,20 – 6,00 m), auf Wunsch auch 10 und 12 Fuß (3,00-3,60 m), automatische Anpassung an Bodenunebenheiten, hydraulische Schnitthöhenverstellung von 6 – 90 cm, serienmäßige Ausstattung mit Ährenhebern
- **Halmteiler:** dreiteilig, verstellbar, beweglich angebracht (Anpassung an Bodenunebenheiten), wahlweise in kurzer oder langer Ausführung, serienmäßig 2 Stück
- **Haspel:** gesteuerte Pick Up-Haspel mit Federzinken, hydraulisch verstellbar, stufenlose Drehzahlregulierung
- **Dreschtrommel:** 450 mm Durchmesser, 1250 mm breit, 6 Schlagleisten, Trommeldrehzahl hydraulisch stufenlos zu regulieren von 650 – 1400 Umdrehungen pro Minute, Drehzahl am Tourenzähler ablesbar
- **Entgrannung:** neuartige, auch bei Feuchtigkeit sicher arbeitende Entgrannungseinrichtung, die bei Einschaltung den Korb um 3 Leisten verlängert
- **Dreschkorb:** 10 Korbleisten (13 bei eingeschaltetem Entgranner), Steinfangeinrichtung, Momentverstellung
- **Schüttler:** vierteiliger Hordenschüttler, auf 2 Kurbelwellen gelagert, Schüttlerfläche 4,50 qm (Abscheidefläche 5,25 qm)
- **Reinigung:** Hochleistungssiebkasten mit Zweistufen-Druckwindreinigung, Gesamtsiebfläche: 3,15 qm
- **Korntank:** Inhalt 2155 l, mit Aufsatz 2690 l, Verteilerschnecke zur vollständigen Füllung, 2 Sichtfenster zur Füllungskontrolle
- **Sicherheitskupplungen:** Federbelastete Doppelscheiben-Sicherheitskupplung gegen Überlastungen an Haspel, Einzugswalze, Wendetrommel, Kornschnecke und Überkehrschnecke, zahlreiche andere Sicherheitsvorrichtungen
- **Motor:** 6-Zylinder-Diesel, 87 PS, wassergekühlt
- **Getriebe:** 3-Gang-Getriebe mit Einscheiben-Trockenkupplung,
  Geschwindigkeitsbereich: 1,8 – 19,5 km/h
  Rückwärtsgang: 3,3 – 7,8 km/h
  Geschwindigkeit über den gesamten Bereich mit hydraulisch gesteuertem Regeltrieb stufenlos verstellbar, Drehzahlmesser für Fahrantrieb
- **Bremsen:** Mechanische Handbremse, mechanische Fußbremse (auch als Einzelradbremse wirkend)
- **Bereifung:** vorn 15–30 AS, hinten 11,5–15 AM, Spurweite: vorn 2500 mm, hinten 1280 mm, Radstand 3200 mm, hydraulische Lenkhilfe
- **Beleuchtung:** serienmäßig ausgerüstet mit Scheinwerfern, Begrenzungsleuchten, Blinkleuchten, Rückspiegeln, Rückstrahlern und Rückleuchten
- **Maße:**

in Arbeitsstellung	T	S	
Länge	9,83 m	10,71 m	(bei langem Halmteiler)
Breite	ca. 5,80 m	ca. 5,30 m	(je nach Stellung
Höhe	3,53 m	3,95 m	der Halmabweiser)
beim Transport	**T**	**S**	
Länge	8,60 m	8,48 m	
Breite	4,60 m	4,60 m	
Höhe	3,53 m	3,53 m	

- **Gewicht:** ca. 5345 kg (T) ca. 5795 kg (S)

T = MATADOR GIGANT bei 10 Fuß (3,00 m) Schnittbreite, Korntank, ohne Strohpresse
S = MATADOR GIGANT bei 10 Fuß (3,00 m) Schnittbreite, Absackstand, Strohpresse
Technische Angaben, Maße und Gewichte sind unverbindlich – Konstruktionsänderungen vorbehalten

Lieferbare Sonderausrüstungen nach Wunsch:
Strohpresse (Maschine mit Strohpresse hat 4 m² Schüttelfläche), Absackstand, Strohhäcksler, Federzinken-Pick Up-Trommel, 8½ Fuß Schneidwerk bei Triebradbereifung 13 - 30 AS Korntankaufsatz 535 l und verschiedene Sonderdruscheinrichtungen.

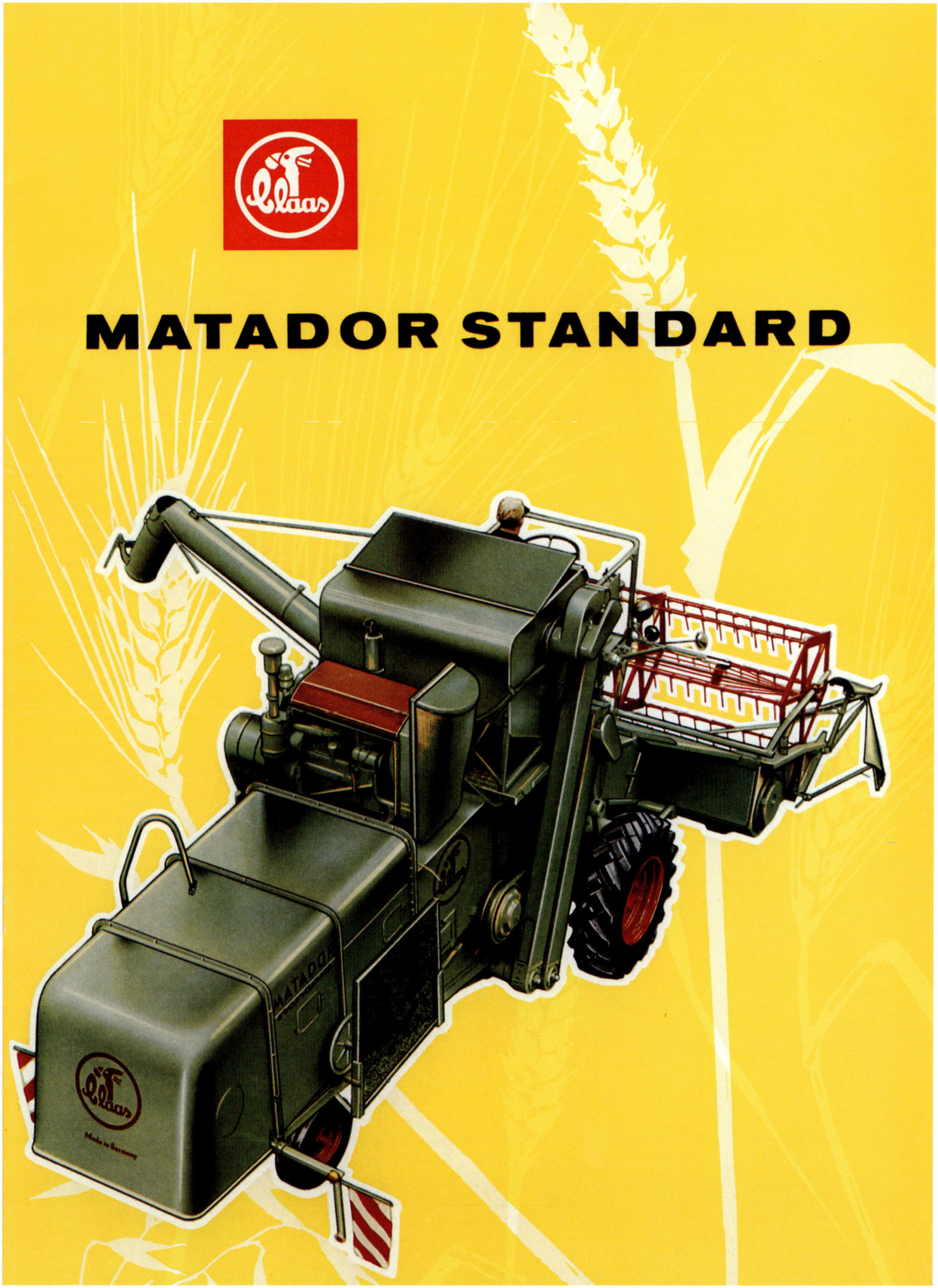

CLAAS „Matador – Standard“ 1962 bis 1968

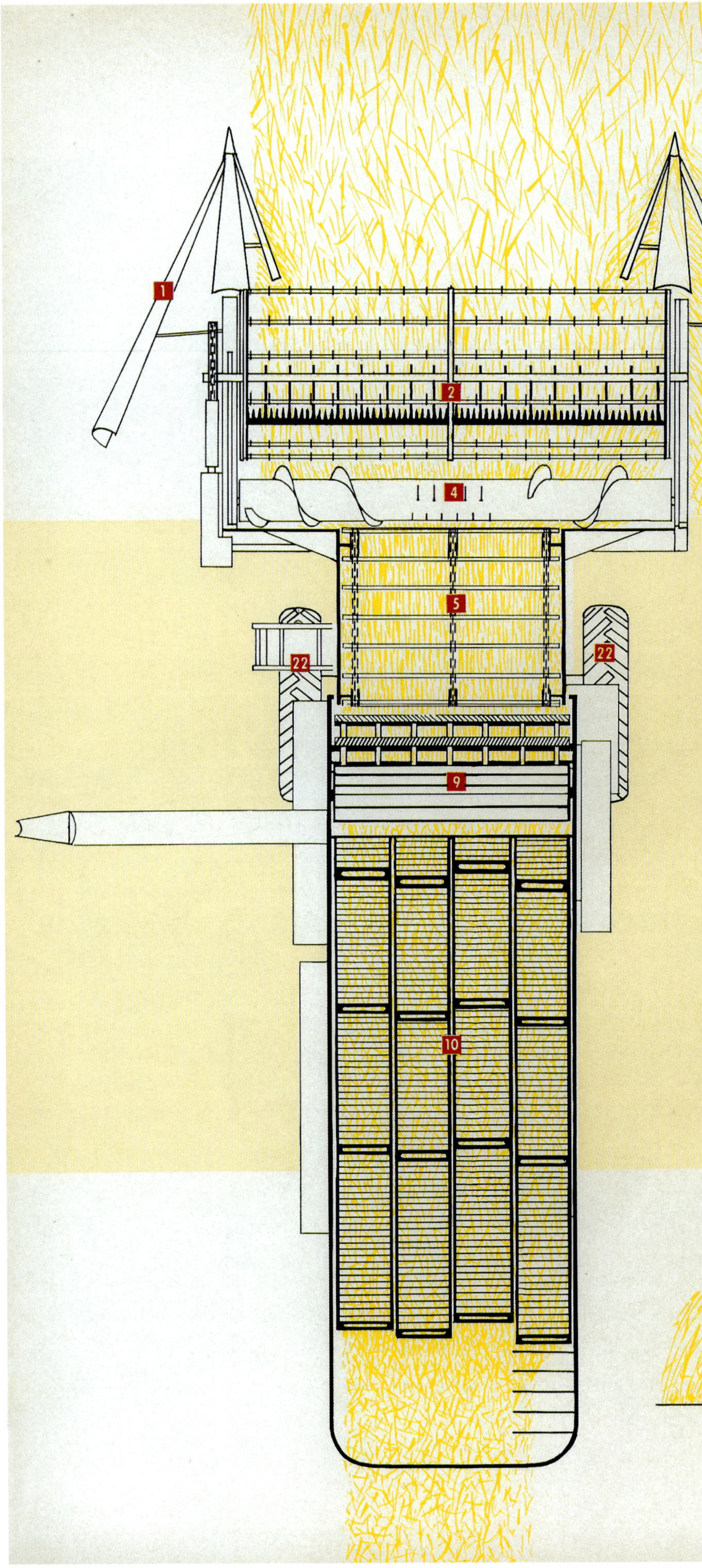

So sieht es im
MATADOR STANDARD aus:

Die Größe aller Organe ist sorgfältig aufeinander abgestimmt. Die Draufsicht veranschaulicht die beachtliche Breite des Maschinenkörpers, vom Schrägförderer durchgehend bis zum Ende der Schüttler. Große Strohmengen können so in lockerem Schleier durch die Maschine laufen. Das ist ein Grund mehr für das hohe Leistungsvermögen. Die Seitenansicht zeigt die ideale Anordnung der einzelnen Schneidwerkelemente, die auch schwerste Lagerfrucht bei hoher Leistung sauber aufnehmen und spielend bewältigen. Besonders deutlich sind auch der große Freiraum über den Schüttlern und die Länge der Siebe erkennbar. Gerade die großen Abmessungen dieser Organe vermeiden „Verdauungsstörungen".

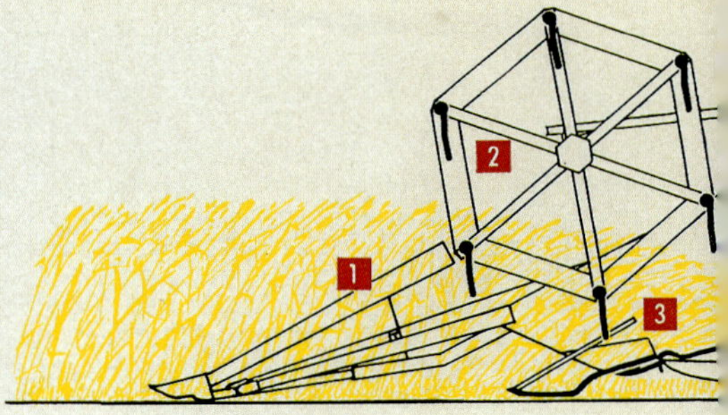

CLAAS „Matador – Standard" 1962 bis 1968

Der Blick nach innen

Der MATADOR STANDARD, wie man ihn selten sieht:

1 Halmteiler – mit Innen- und Außenabweiser
2 Federzinken-Pick Up-Haspel – hydraulisch verstellbar
3 Schneidwerk mit Ährenhebern – Schnitthöhe hydraulisch verstellbar
4 Einzugswalze – Höhe veränderlich
5 Schrägförderer – getrennt vom Dreschmechanismus abzuschalten
6 Steinfang- und Entgrannungseinrichtung
7 Dreschtrommel – stufenlos hydraulisch verstellbar von 650–1400 U/min.
8 Dreschkorb – mit Momentverstellung
9 Wendetrommel – zur Strohführung
10 Hordenschüttler – 4teilig, auf 2 Kurbelwellen gelagert
11 Gebläse – für Druckwindreinigung
12 Erste Siebstufe – Nasensieb
13 Zweite Siebstufe – Lamellensieb, für alle Fruchtarten einstellbar
14 Wechselsieb – je nach Fruchtart auszutauschen
15 Kornschnecke
16 Überkehrschnecke
17 Korntank
18 Überkehrauslauf – Zuführung der Überkehr zum nochmaligen Drusch
19 Motor – 68 PS, 4-Zylinder-Diesel
20 Fahrerstand
21 Getriebe
22 Bereifung

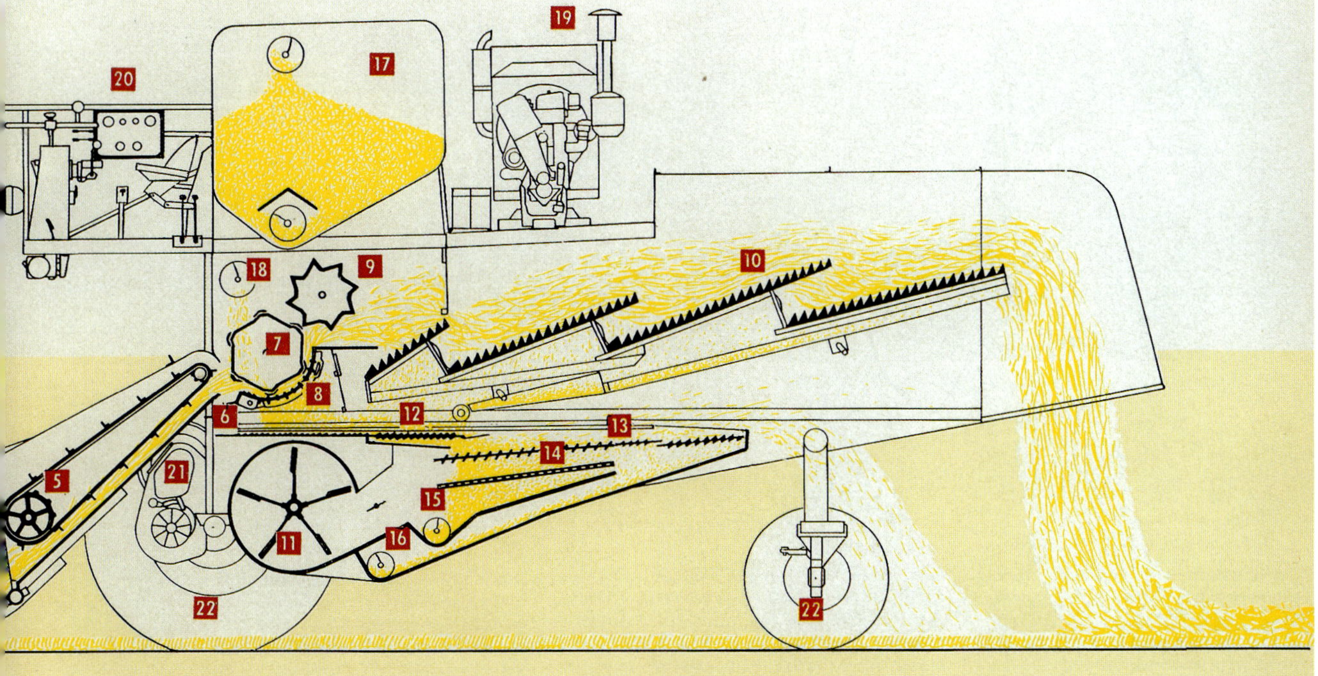

Technische Daten

Schneidwerk: Schnittbreite 8½ Fuß (2,60 m), automatische Anpassung an Bodenunebenheiten, hydraulische Schnitthöhenverstellung von 6 bis 75 cm, serienmäßig 17 Ährenheber.

Halmteiler: Dreiteilig, verstellbar, beweglich angebracht (Anpassung an Bodenunebenheiten), wahlweise in kurzer oder langer Ausführung, serienmäßig 2 Stück.

Haspel: Gesteuerte Pick Up-Haspel mit Federzinken, hydraulische Höhenverstellung, Griffstellung der Haspelzinken variabel.

Dreschtrommel: 450 mm Durchmesser, 1250 mm breit, 6 Schlagleisten, Trommeldrehzahl stufenlos hydraulisch regelbar, Tourenzähler für Trommmeldrehzahl.

Entgrannung: Neuartige, auch bei Feuchtigkeit sicher arbeitende Entgrannungseinrichtung, die bei Einschaltung den Korb um 3 Leisten verlängert.

Dreschkorb: 10 Korbleisten (13 bei eingeschaltetem Entgranner), Steinfangeinrichtung, Momentverstellung.

Schüttler: Vierteiliger Hordenschüttler auf 2 Kurbelwellen gelagert, Schüttlerfläche 4,00 qm (Abscheidefläche 4,75 qm).

Reinigung: Hochleistungssiebkasten mit Zweistufen-Druckwindreinigung, Drahtrost für Vorabsiebung, Lamellensieb und Untersieb (4 Stück serienmäßig mitgeliefert), Nasensieb hinter dem Lamellensieb, Gesamtsiebfläche 3,15 qm.

Absackstand: Sortierzylinder mit Sortierung in 3 Qualitäten (für 1. Sorte 2 Ausläufe), große Absackplattform, höhenverstellbare Sackrutsche.

Sicherheitskupplungen: Federbelastete Doppelscheiben-Sicherheitskupplungen gegen Überlastung an Haspel, Einzugswalze, Überkehrschnecke, Kornschnecke und Wendetrommel sowie andere zahlreiche Sicherheitsvorrichtungen.

Motor: 4-Zylinder-Dieselmotor, 68 PS.

Getriebe: Dreigang-Getriebe mit Einscheiben-Trockenkupplung. Geschwindigkeitsbereich 1,4 bis 15 km/h, Rückwärtsgang 2,5 bis 4,7 km/h. Geschwindigkeit innerhalb der einzelnen Gänge mit hydraulisch gesteuertem Regeltrieb stufenlos verstellbar.

Bremsen: Mechanische Handbremse, mechanische Fußbremse, auch als Einzelradbremse wirkend.

Bereifung: Vorn 13—26 AS, hinten 8.50—12 AM.

Spurweite: Vorn 2200 mm, hinten 1150 mm.

Radstand: 3200 mm.

Maße in Arbeitsstellung (mm):		T*	S*
Länge (mit langen Halmteilern)	E	9 350	10 670
Breite (je nach Stellung der Halmabweiser)	C	ca. 4 200	ca. 4 200
Höhe	A	3 360	3 060
Maße in Transportstellung (mm):			
Länge	D	8 160	8 480
Breite	B	2 970	2 970
Höhe	A	3 360	3 360
Gewicht (kg):		4 685	5 135

T* = Ausrüstung mit 2,60-m-Schnittbreite, Korntank, ohne Strohpresse
S* = Ausrüstung mit 2,60-m-Schnittbreite, Absackstand, Strohpresse

Strohpresse: Organisch eingebaute, zweimal bindende Schwingkolben-Strohpresse mit 1000 mm Kanalbreite, Bundgröße stufenlos einstellbar, Ballenbremse zur Regelung des Preßdruckes und als Überlastungsschutz.

Korntank: Mit Verteilerschnecke zur vollständigen Füllung, Sichtfenster zur Füllungskontrolle, Inhalt ca. 1700 Liter.

Weitere Zusatzeinrichtungen:
Pick Up-Trommel, Strohhäcksler, Absackvorrichtung am Korntank-Auslaufrohr, Regeltrieb für stufenlose Einstellung der Haspeldrehzahl, Sonderdruscheinrichtung u. a. auf Wunsch lieferbar.

Technische Daten, Maße und Gewichte sind unverbindlich — Konstruktionsänderungen vorbehalten.

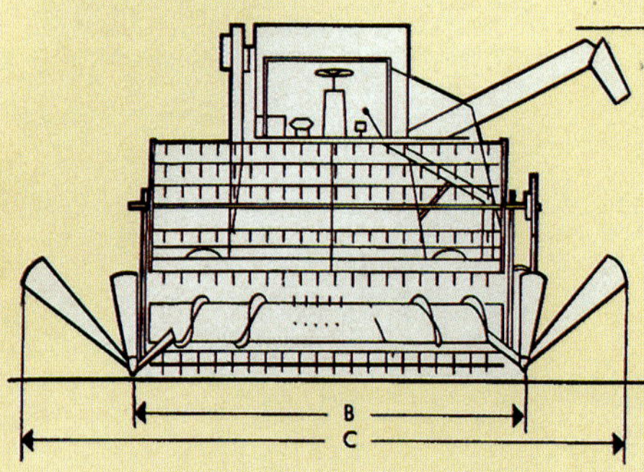

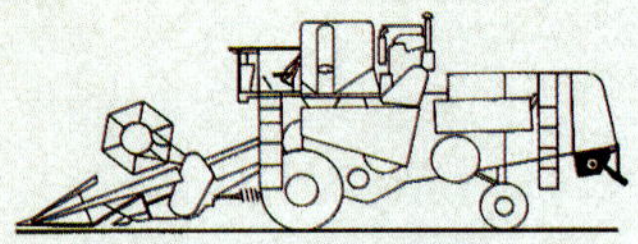

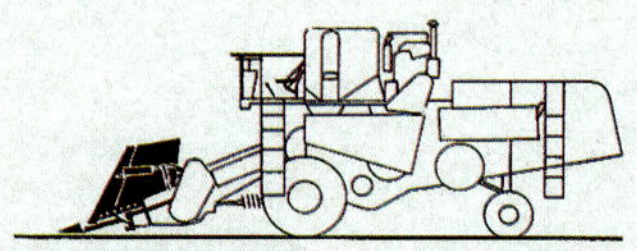

Für den Schwaddrusch wird eine **Pick-Up-Trommel** mit 2,05 Meter Aufnahmebreite vor das Schneidwerk gebaut. Federstahlzinken nehmen auch durchwachsene Schwaden sauber auf. Die beweglich aufgehängte Trommel mit Gleitkufen paßt sich Bodenunebenheiten an.

Der **Häcksler** am MATADOR STANDARD verteilt das gehäckselte Stroh gleichmäßig auf die gesamte Schnittbreite. Auch eine Schwadablage ist durch Ausschalten des Häckslers möglich. Der Häcksler kann auch hinter der Strohpresse arbeiten.

Das dreireihige **Maisschneidwerk,** kombiniert mit einem Strohhäcksler, erntet den Mais in einem Arbeitsgang und hinterläßt ein pflugfertiges Feld. Hängende Maiskolben und abgeknickte Stengel werden von Torpedoteilern mit Fingerketten äußerst sauber aufgenommen.

CLAAS „Mercur" 1962 bis 1968

Was ist
ein Mähdrescher nach Maß?
Nach Maß... das heißt:

Geplant und entwickelt von Konstrukteuren, die sich seit Jahrzehnten mit den speziellen Problemen des Mähdreschers befassen.

Das heißt: Den Wünschen fortschrittlicher Landwirte entsprechend, schnell, wendig, robust und betriebssicher, Arbeitszeit und Arbeitskräfte sparend – rationell im Einsatz und optimal im Ergebnis.

Das heißt: Entstanden aus jahrzehntelanger Fertigungserfahrung, bestimmt vom wechselseitigen Meinungsaustausch der landwirtschaftlichen Praxis und des Maschinenbaues.

Nach Maß – darin liegt schließlich der Erfolg, wie ihn die Verkaufszahl von über 185 000 Mähdreschern darstellt, ebenso wie die Tradition, die seit eh und je mit CLAAS, der ältesten und größten Mähdrescherfabrik Europas, verknüpft ist.

Ein Mähdrescher nach Maß ist der neue CLAAS MERCUR – vielleicht gerade auch für Ihren Betrieb?
Die folgenden Seiten werden es Ihnen schnell beweisen.

CLAAS

CLAAS MERCUR - ein Mähdrescher nach Maß

1 **Halmteiler** – mit Innen- und Außenabweiser
2 **Federzinken-Pick Up-Haspel** – hydraulisch verstellbar
3 **Schneidwerk mit Ährenhebern** – Schnitthöhe hydraulisch verstellbar
4 **Einzugswalze** – in der Höhe verstellbar
5 **Ketten-Schrägförderer** – mit Schneidwerk getrennt von Dreschorganen abzuschalten
6 **Schneidwerkfederung** – zur automatischen Anpassung an Bodenunebenheiten
7 **Steinfang- und Entgrannungseinrichtung**
8 **Dreschtrommel** – 106 cm breit
9 **Dreschkorb** – mit Momentverstellung, 1 Hebel
10 **Wendetrommel** – zur Strohführung
11 **Hordenschüttler** – auf 2 Kurbelwellen gelagert
12 **Gebläse** – für Druckwindreinigung
13 **Lamellensieb** – für alle Fruchtarten einstellbar
14 **Wechselsieb** – je nach Fruchtart auszutauschen
15 **Überkehrschnecke**
16 **Kornschnecke**
17 **Kornelevator** – mit Stahlrollenkette
18 **Korntank**
19 **Motor** – 52 PS, 4-Zylinder-Diesel
20 **Getriebe**
21 **Bereifung**
22 **Fahrerstand**

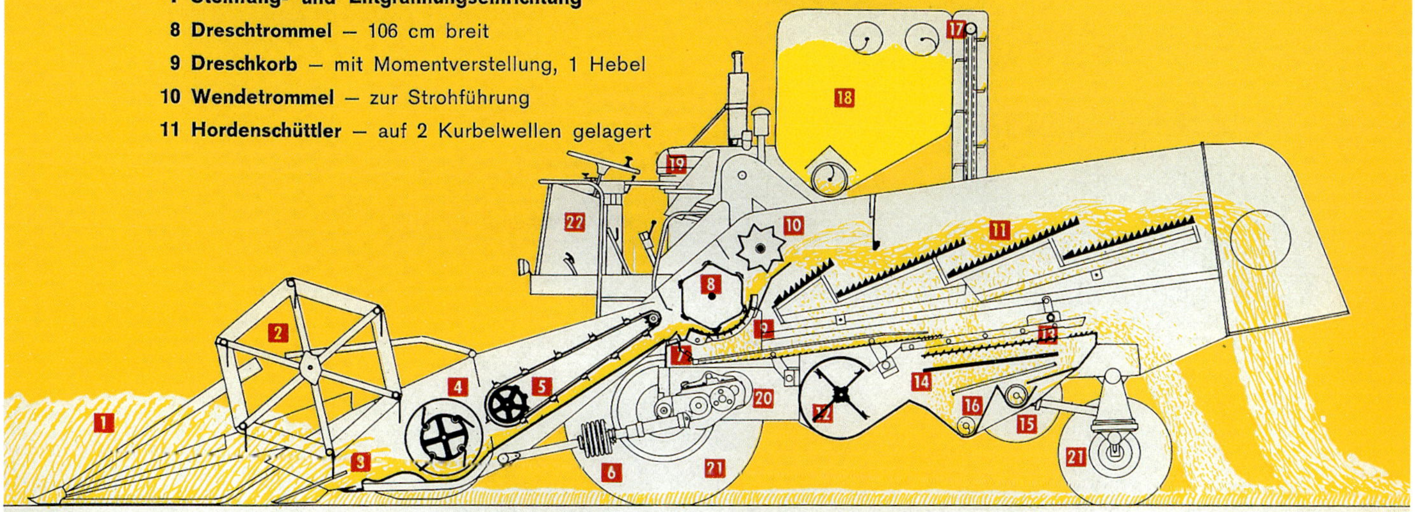

Zusatzgeräte

Strohpresse. Die Strohpresse ist mit 2 CLAAS-Knüpfapparaten ausgestattet, deren Bindesicherheit in der Welt bekannt ist. Eine doppelte Ballenbremse regelt die Ballenfestigkeit und schützt vor Überlastungen. Die Größe der sauber gepreßten Ballen läßt sich stufenlos verstellen.

Stroh-Häcksler. Betriebe, die auf die Strohbergung verzichten, bevorzugen den MERCUR mit Häcksler. Vom Schüttler fällt das Stroh direkt in die Häckslertrommel und wird über verstellbare Leitbleche gleichmäßig auf die gesamte Schnittbreite verteilt. Nach Umstellen kann auch ungehäckseltes Stroh in Schwaden abgelegt werden.

Pick Up-Trommel. Bei leicht ausfallenden, ungleichmäßig reifenden Früchten und bei stark verunkrauteten Beständen wird im Schwaddruschverfahren gearbeitet. Die vor das Schneidwerk gesetzte Pick Up-Trommel mit ihren Federstahlzinken nimmt auch durchwachsene Schwaden sicher auf.

Reis. Beim Drusch von Reis läuft der MERCUR auf breiten, langen Raupenketten mit hervorragender Geländegängigkeit. Außergewöhnlich verschleißfeste Spezial-Stiften-Dreschwerkzeuge ersetzen beim Reisdrusch die normale Getreide-Dreschausrüstung.

Mais. Mit dem zweireihigen Maisschneidwerk kann Körnermais arbeitssparend und wirtschaftlich geerntet werden. Besonders ausgebildete Torpedoteiler mit Fingerketten nehmen selbst hängende Maiskolben und abgeknickte Stengel sicher auf. Wird der MERCUR zusätzlich mit einem Strohschneider ausgerüstet, erhält man in einem Arbeitsgang ein pflugfertiges Feld.

Der MERCUR kann außerdem mit einem zweireihigen Maispflückvorsatz ausgerüstet werden.

Technische Daten:

Schneidwerk: Schnittbreite 8½ Fuß (2,60 m), automatische Anpassung an Bodenunebenheiten, hydraulische Schnitthöhenverstellung von 6–75 cm, serienmäßig 17 Ährenheber.

Halmteiler: Dreiteilig verstellbar, beweglich angebracht (Anpassung an Bodenunebenheiten), wahlweise in kurzer oder langer Ausführung, serienmäßig 2 Stück.

Haspel: Gesteuerte Pick Up-Haspel mit Federzinken, hydraulische Höhenverstellung, stufenlose Drehzahlverstellung.

Dreschtrommel: 450 mm Durchmesser, 1060 mm breit, 6 Schlagleisten, Trommeldrehzahl stufenlos regelbar, Tourenzähler für Trommeldrehzahl.

Entgrannung: Neuartige, auch bei Feuchtigkeit sicher arbeitende Entgrannungseinrichtung, die bei Einschaltung den Korb um 3 Leisten verlängert.

Dreschkorb: 8 Korbleisten (11 bei eingeschaltetem Entgranner), Steinfangeinrichtung, Momentverstellung mit 1 Hebel.

Schüttler: Vierteiliger Hordenschüttler, auf 2 Kurbelwellen gelagert, Schüttlerfläche 2,9 qm, Abscheidefläche 3,45 qm

Reinigung: Druckwindreinigung mit Lamellensieb und Untersieb (4 Stück serienmäßig mitgeliefert). Gesamtsiebfläche: 2,05 qm.

Korntank: Mit Verteilerschnecke zur vollständigen Füllung, Sichtfenster zur Füllungskontrolle, Inhalt ca. 1700 l.

Sicherheitskupplungen: Federbelastete Doppelscheiben-Sicherheitskupplungen gegen Überlastung an Haspel und Einzugswalze, Überkehrschnecke und andere zahlreiche Sicherheitsvorrichtungen.

Motor: 4-Zylinder-Diesel-Motor, 52 PS, mechanische Reibungskupplung für Dreschwerkantrieb.

Getriebe: Dreigang-Getriebe mit Einscheiben-Trockenkupplung, Geschwindigkeitsbereich 1,4–17 km/h, Rückwärtsgang 2,4–5,5 km/h, Geschwindigkeit über den gesamten Bereich mit hydraulisch gesteuertem Regeltrieb stufenlos verstellbar.

Bremsen: Mechanische Handbremse, mechanische Fußbremse (Scheibenbremse auch als Einzelradbremse wirkend).

Bereifung: Vorn 13–26 AS, hinten 8,50–12 AM.

Spurweite: Vorn 2090 mm, hinten 1000 mm.

Radstand: 2900 mm.

		T mm	S mm	SA mm
Maße: In Arbeitsstellung:				
Länge (bei langem Halmteiler)	E	8 190	9 600	9 600
Breite (je nach Stellung der Halmabweiser)	C	ca. 4 200	ca. 4 200	ca. 4 200
Höhe	A	3 170	3 740	2 950
In Transportstellung:				
Länge	D	7 090	7 510	7 510
Breite	B	3 000	3 000	3 000
Höhe	A	3 350	3 740	2 950
Gewicht (in kg):		ca. 3 480	ca. 3 820	ca. 3 785

T = MERCUR mit Korntank, pressenlos
S = MERCUR mit Absackstand (auf dem Maschinendach) und Presse
SA = MERCUR mit Absackstand (seitlich) und Presse

Strohpresse: Organisch eingebaute, zweimal bindende Schwingkolbenpresse mit 1000 mm Kanalbreite, Bundgröße stufenlos einstellbar. Ballenbremse zur Regelung des Preßdruckes und als Überlastungsschutz.

Absackstand: Wahlweise seitlich oder auf dem Maschinendach, Sortierzylinder mit Sortierung in 3 Qualitäten (für 1. Sorte 2 Ausläufe), große Absackplattform, höhenverstellbare Sackrutsche.

Weitere Zusatzeinrichtungen: Pick Up-Trommel, Strohhäcksler, Absackvorrichtung am Korntankauslaufrohr, Absackvorrichtung am Korntank mit seitlicher Absackplattform, hydraulische Lenkhilfe.
Sonderdruscheinrichtungen u. a. auf Wunsch lieferbar.

Technische Angaben, Maße und Gewichte sind unverbindlich. Konstruktionsänderungen vorbehalten.

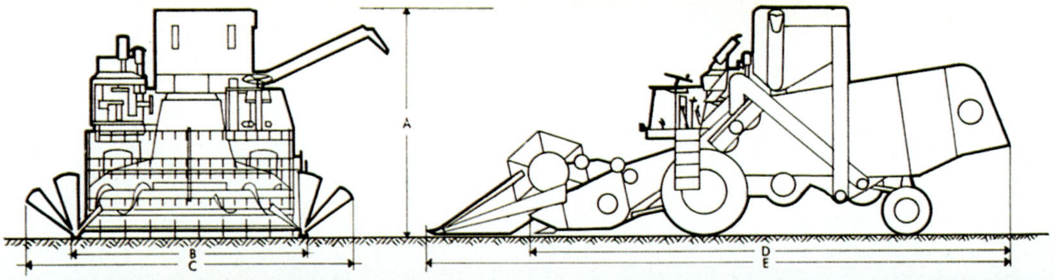

CLAAS-SUPER-AUTOMATIC -S-

Der Erfolg des SUPER-AUTOMATIC -S- ist die unveränderte Sicherheit dieser Maschine.

CLAAS „Super – Automatic – S –“ 1958 bis 1978

Fahren

Gelenkwelle:
Der Mähdrescher läuft direkt hinter dem Schlepper. Der Antrieb erfolgt über eine kurze, gerade verlaufende Gelenkwelle. Dabei ist er besonders wendig. Die Kraft wird schwingungsfrei übertragen. Auch bei sehr kurzem Wenden läuft die Gelenkwelle ruhig.

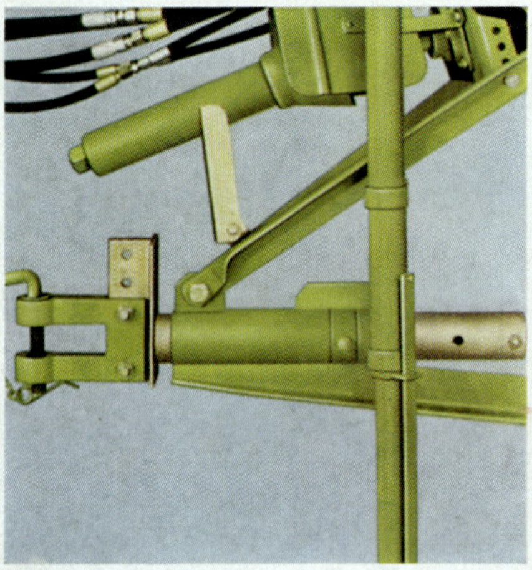

Kurze Gelenkwelle und in der Länge und Höhe verstellbares Anhängemaul

Antrieb:
Beispiellos einfach ist der Antrieb. Wenige Keilriemen und Ketten genügen. Diese Einfachheit macht den Mähdrescher gegen Störungen unanfällig.

Einfache Antriebe

Bereifung:
Die großvolumige Bereifung hält den Bodendruck so niedrig wie möglich und sichert die Leichtzügigkeit auch auf schwerem Boden. Durch Umstecken der Laufrad-Achse kann die Bodenfreiheit verändert werden.

Höhenverstellbare Bodenfreiheit

Mähdrescher in Transportstellung mit der geringen Breite von 2,90 m.

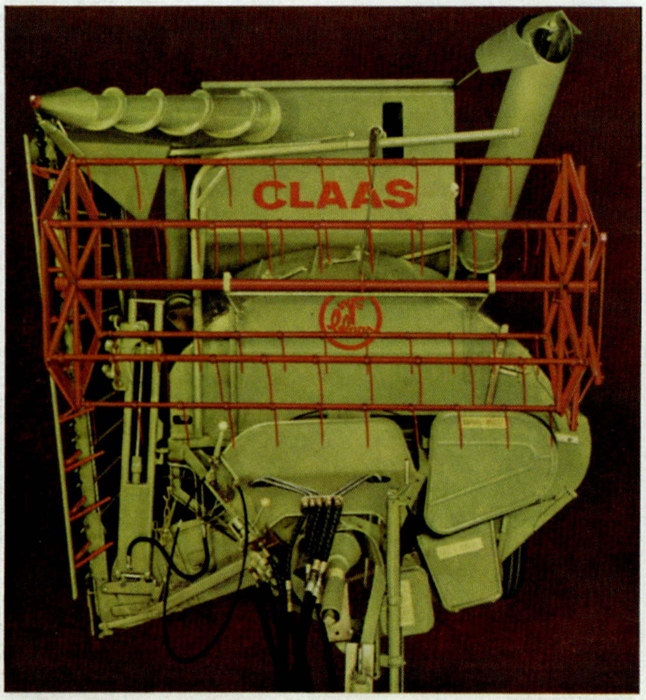

So kann er schnell von Feld zu Feld gefahren werden.

Bedienen

Hydraulik:
Die Hydraulik macht den Mähdrescher zu einer Einmann-Maschine. Kernstück der Hydraulik ist das Steuerventil. Es wird mit einer Schnellkupplung am Schlepperkotflügel eingehängt und liegt im Griffbereich des Schlepperfahrers. Vom Schleppersitz steuert er bequem die Arbeitsfunktionen.

Ohne Anstrengung nur mit Hilfe des Steuerventil-Hebels kann der Fahrer die Stellung vom Schneidwerk und Pickup-Haspel den wechselnden Getreideverhältnissen anpassen.

Sofortstop-Einrichtung:
Mit der Sofortstop-Einrichtung kann der Getreidefluß durch Stillegung der Zufuhrorgane schlagartig unterbrochen werden. Dreschtrommel und Dreschkorb werden vor Beschädigungen oder Überlastungen geschützt. Die Bedienung erfolgt durch Seilzug vom Schleppersitz.

Funktionssteuerung vom Schleppersitz.

Hydraulisches Steuerventil in Griffnähe des Schlepperfahrers.

Hydraulikanlage und Kupplung für Einzugsorgane.

Hydraulische Schneidwerkswinde mit Federung und Haspelregeltrieb.

Herunterklappen des Schneidwerks über die Hydraulik.

Technische Daten

Ährenheber:
9 Stück.

Haspel:
Pickup-Haspel mit Federzinken, hydraulische Höhenverstellung, Transporthalterung.

Messerbalken:
2,40 m Schnittbreite, 7–40 cm Schnitthöhe, verstellbar.

Kettenförderer:
Pendelnd aufgehängt.
Er transportiert mit Hilfe des durchgehenden korndichten Untertuches das Getreide zu den Dreschorganen.

Schneidwerk:
Hydraulisch hochklappbar mit Sofortstop-Einrichtung.

Steinfangmulde:
Zum Schutz der Dreschorgane.

Dreschkorb:
1250 mm breit, 13 Korbleisten, Momentverstellung.

Entgrannung:
1. Entgrannerbleche.
2. Reibeplatten im Wurfelevator.

Dreschtrommel:
1250 mm breit, 450 mm Durchmesser, 6 Schlagleisten, 7 Trommelböden. Mechanisch verstellbare Drehzahl von 1100–1400 U/min. auf Wunsch durch Wechselscheiben von 540–1100 U/min.

Schüttler:
Schwingschüttler. 4,77 m² Abscheidefläche, 4,20 m² Schüttlerfläche, Drehzahl 225–230 U/min.

Gebläse:
Druckwindreinigung.

Siebfläche:
2,15 m² Gesamtsiebfläche.
Vorbereitungsboden mit Leitstegen, verstellbares Lamellensieb, Lamellensieb-Verlängerung, vier Untersiebe mit verschieden großer Lochung.

Überkehr:
mit Rückführung zu den Dreschorganen.

Korntank:
mit obenliegender Verteilerschnecke zur vollständigen Füllung des Korntanks, große Auslaufschnecke zur Entleerung. Zwei Sichtfenster zur Füllkontrolle, 1700 l Tankinhalt.

Fahr- und Arbeitsantrieb:
Schlepper ab 35 PS mit Zapfwellenantrieb. Deichselwinde serienmäßig.

Spurweite:
2350 mm.

Bereifung:
12,5–18 AM
Bodenfreiheit von 170–330 mm verstellbar.

Hydraulik:
Steuerventil zur stufenlosen Verstellung von Haspel und Schneidwerk. Hydraulisches Hochklappen des Schneidwerks für Transport.

Sicherungen:
Sicherung gegen Überlastung von Messer, Haspel und Kornschnecke.

Auf Wunsch:
Federzinken-Pickup-Trommel, Maisschneidwerk, Strohpresse, Strohhäcksler, Absackvorrichtung am Korntank-Auslaufrohr.

Maße und Gewichte:
In Arbeitsstellung bei 2,40 m Schnittbreite und Korntank ohne Strohpresse,
Länge 5,73 m, **A**
Breite 7,15 m, **B**
Höhe 3,36 m. **C**
In Transportstellung
Länge 5,73 m, **A**
Breite 2,90 m, **b**
Höhe 3,36 m, **C**
Gewicht ca. 2400 kg.

*) Änderung in Konstruktion und Ausführung vorbehalten.

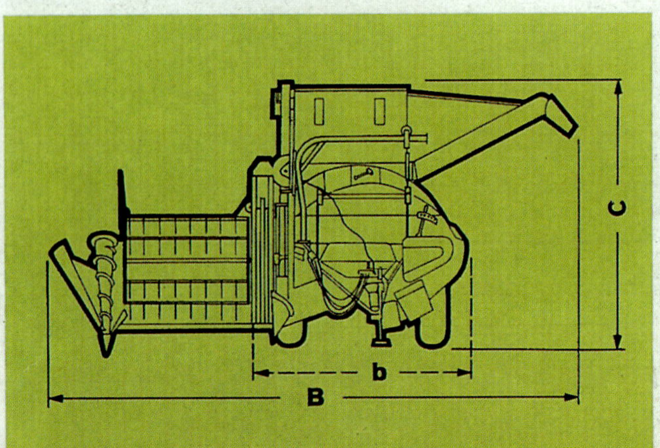

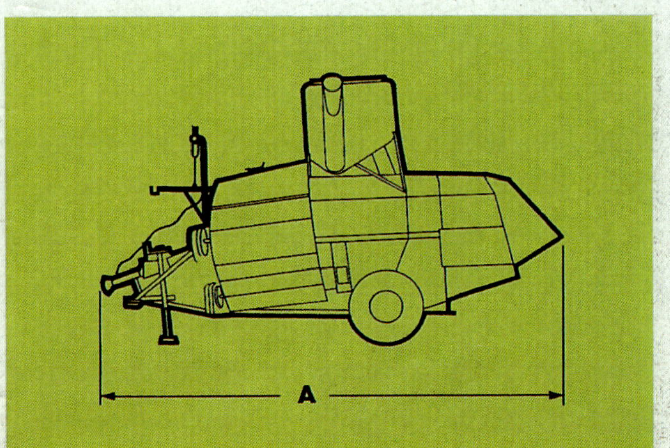

CLAAS-JUNIOR-AUTOMATIC

CLAAS-JUNIOR-AUTOMATIC: preisgünstig in der Anschaffung – groß in der Leistung

CLAAS „Junior – Automatic“ 1959 bis 1973

Dreschen und Trennen

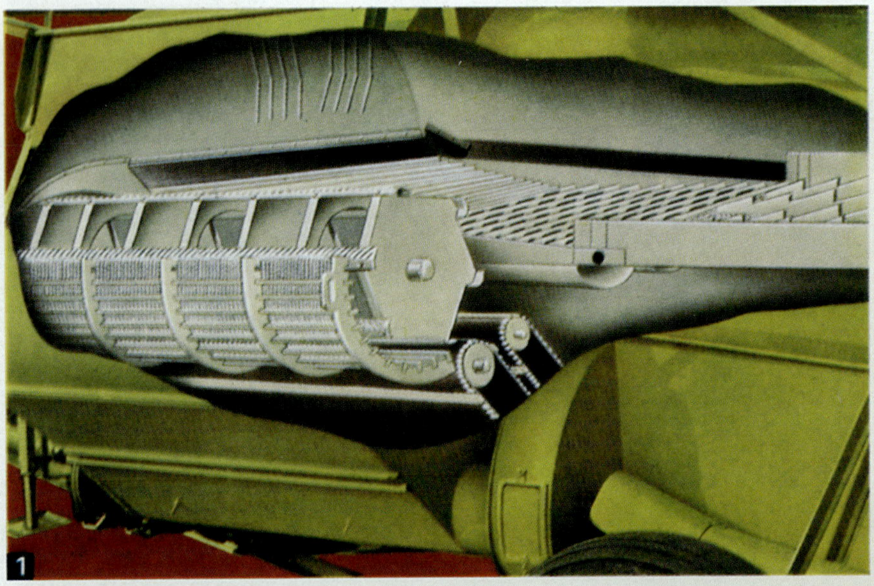

1

2

3

Untertuch und Obertuch
Das Untertuch transportiert das geschnittene Getreide zu den Dreschorganen. Es wird durch ein pendelnd aufgehängtes Obertuch unterstützt, das für ununterbrochene schleierförmige Beschickung der Dreschorgane sorgt.

Die Dreschorgane des CLAAS-JUNIOR-AUTOMATIC sind mit 1,25 m Breite äußerst groß bemessen. Damit ist die Gewähr gegeben, daß auch bei langem, feuchtem Stroh ein einwandfreier Ausdrusch erzielt wird. Der Großteil der Körner wird schon vom Korb abgeschieden.

Steinfangmulde
Steine werden in einer Mulde vor dem Dreschkorb abgefangen, um die Dreschorgane nicht zu beschädigen.

Dreschtrommel
Die Trommel wird breit beschickt (1). Das spart Kraft, erhöht die Leistung und sichert hervorragenden Ausdrusch mit hoher Kornabscheidung durch den Korb. Kein Korn- und Strohbruch. Die Trommeldrehzahl ist mechanisch stufenlos verstellbar.

Dreschkorb
Beide Seiten des Korbes können unabhängig voneinander mit einer Momentverstellung enger oder weiter gestellt werden (2).

Grünzeug und feuchte Stoppelenden durchlaufen bei stehendem Getreide die vordere Korbhälfte. Wird der Korb vorn weiter gestellt, werden die Grünteile nicht zerschlagen. So wird keine Feuchtigkeit übertragen. Die Ähren werden in der hinteren Korbhälfte gedroschen. Das Korn bleibt trocken.

Entgrannung
Eine einwandfreie Entgrannung wird durch Entgrannerbleche erzielt, die in den Dreschkorb eingesetzt werden. Bei besonders schwierigen Verhältnissen bringt man im Wurfelevator noch Reibeplatten an.

Reinigen und Sammeln

1

2

3

Die Leistungsfähigkeit eines Mähdreschers wird nicht allein von der Schnittbreite bestimmt. Entscheidend ist die Größe der „Verdauungsorgane“. In dieser Beziehung ist der CLAAS-JUNIOR-AUTOMATIC vorbildlich ausgerüstet.

Schüttler
Die Schüttlerfläche ist 4,00 qm groß. Das sind Ausmaße, wie sie sonst nur Großselbstfahrer aufweisen. Dabei ist die Maschine nur 5,46 m lang. Der Schüttler reicht über die gesamte Maschinenlänge und wird wirksam ausgenutzt. (Bild 3 auf der gegenüberliegenden Seite.) Spritzkörner werden schon im Wendekopf am Schüttleranfang abgeschieden. Schüttlerverluste treten praktisch nicht auf.

Reinigung
Die Siebfläche ist 2,15 qm groß (1). Korn, Spreu und Kurzstroh werden auf dem Vorbereitungsboden vorsortiert und fallen zur Auflockerung über eine hohe Fallstufe auf das verstellbare Lamellensieb. Es ist auf alle Korngrößen einstellbar. Die letzte Reinigung übernimmt ein austauschbares Untersieb. Vier dieser Untersiebe mit verschieden großer Lochung werden serienmäßig mitgeliefert.

Überkehr
Unausgedroschene Ährenteile werden über den Überkehrrücklauf den Dreschorganen nochmals zugeführt.

Korntank
Für die Kornbergung wird heute der Korntank bevorzugt (2). Er faßt 1100 l, das sind ca. 8 dz Weizen. Die obenliegende Verteilerschnecke garantiert eine gleichmäßige Getreidefüllung. Das Getreide im Korntank ist durch einen serienmäßig gelieferten Korntankdeckel geschützt. Durch zwei Sichtfenster kontrolliert der Fahrer die Füllung.

Absackvorrichtung
Bisweilen kann auf das Absacken des Korns noch nicht verzichtet werden. Dafür bietet CLAAS zwei Möglichkeiten. Mit Hilfe der Absackvorrichtung am Korntankauslaufrohr kann der Fahrer das Absacken allein besorgen (3). Soll während der Fahrt abgesackt werden, empfiehlt es sich, den seitlichen Absackstand zu wählen.

Technische Daten

Kraftbedarf:
Schlepper ab 25 PS

Schneidwerk:
Schnittbreite 6 Fuß = 1,80 m
(zwischen den Halmteilern).
Schnitthöhe hydraulisch verstellbar
von 7 bis 40 cm;
7 Ährenheber für Lagergetreide
serienmäßig mitgeliefert.

Haspel:
gesteuerte Federzinken-Pickup-Haspel
mit hydraulischer Höhenverstellung.

Einzugsorgane:
durchgehendes, korndichtes Untertuch,
durch Sofortstop-Einrichtung zeitweilig
stillzusetzen;
pendelnd aufgehängtes Obertuch.

Dreschtrommel:
1250 mm breit, 6 Schlagleisten,
450 mm Durchmesser,
Drehzahl von 1100 bis 1350 U/min.
stufenlos regelbar
(auf Wunsch Wechselscheiben
für 540 bis 1100 U/min.)

Dreschkorb:
mit Momentverstellung und Steinfangmulde

Schüttler:
Schwingschüttler, Schüttelfläche 4,00 qm,
Abscheidefläche 4,57 qm

Reinigung:
Druckwindreinigung
mit verstellbarem Lamellensieb
und auswechselbarem Untersieb
(4 Wechselsiebe serienmäßig geliefert)

Bereifung:
10 bis 15 AM (auf Wunsch 12,5 bis 18 AM)

Spurweite: 2250 mm

Maße:

in Arbeitsstellung	T	S
Länge A	5460 mm	7200 mm
Breite B	5940 mm	5940 mm
Höhe D	3000 mm	2560 mm

in Transportstellung		
Länge A	5460 mm	5880 mm
Breite C	2705 mm	2705 mm
Höhe D	3000 mm	2800 mm

Gewicht: ca. 1950 kg ca. 2230 kg

T = JUNIOR-AUTOMATIC
mit Korntank, pressenlos

S = JUNIOR-AUTOMATIC
mit Absackstand und Strohpresse

Auf Wunsch

Lieferbare Sonderausrüstungen:
rotierender Halmteiler,
Transportvorrichtung für Haspel,
Federzinken-Pickup-Trommel,
einreihiges Maisschneidwerk,
Strohpresse, Strohhäcksler,
Absackstand,
Absackvorrichtung am Korntankauslaufrohr,
Bremse

Technische Angaben, Maße u. Gewichte sind unverbindlich.
Konstruktionsänderungen vorbehalten.

CLAAS SENATOR

CLAAS „Senator“ 1966 bis 1972

Ist Bequemlichkeit Luxus?

Für den Mähdrescherfahrer nicht. Für ihn ist Bequemlichkeit nicht Luxus, sondern Notwendigkeit, weil sie seiner Arbeit zugute kommt und seiner Gesundheit. Darum ist beim CLAAS-SENATOR der Fahrerstand in jeder Hinsicht bequem. Seine Vorzüge müssen Sie „erfahren". Dann ermessen Sie, wieviel Überlegung, wieviel Sorgfalt unsere Ingenieure auf jedes Detail verwandt haben. Der verstellbare Fahrersessel aus elastischem Material ermöglicht entspanntes Sitzen. Ungehindert überblicken Sie das Schneidwerk. Die Lenksäule ist stufenlos verstellbar. Ihr

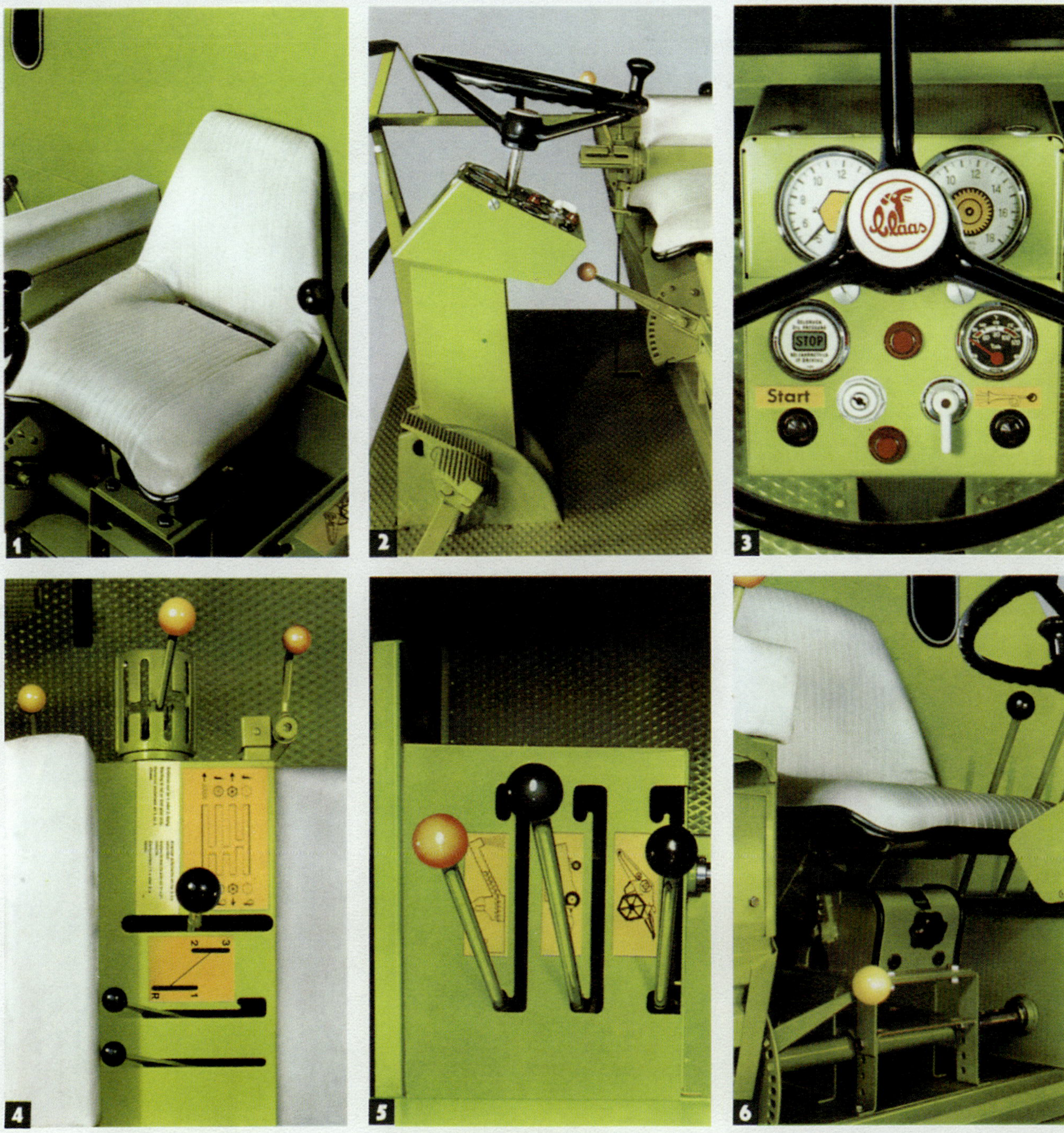

1 Bequemer, gefederter Fahrersessel **2** Lenksäule, durch Fußraste stufenlos zu verstellen **3** Armaturentafel (im Blickfeld des Fahrers) mit Drehzahlmesser für Trommel und Fahrregeltrieb mit Öldruck- und Temperaturanzeiger, Zündschloß, Starter und Richtungsanzeiger. **4** Steuerventil für stufenlose hydraulische Höhen-Verstellung von Schneidwerk und Haspel sowie zur stufenlosen hydraulischen Regelung von Trommeldrehzahl und Vorfahrt. Gangschaltung, Gashebel und Kurbel für Haspelvariator. **5** Hebel für (von links) Korntankentleerung, Dreschwerk- und Schneidwerkkupplung. **6** Korbmomentverstellung, mit einem Hebel vom Fahrersitz aus zu bedienen.

rechter Arm ruht leicht auf einer bequemen Armstütze: ohne Armbewegung bedienen Sie das Steuerventil. In Griffnähe zu betätigen: Gangschaltung, Haspelvariator, Korbmomentverstellung, Gashebel. Links, mühelos zu erreichen, die Hebel für Korntank-, Dreschwerk- und Schneidwerkkupplung. Die Bremskraft wird hydraulisch verstärkt. Das alles macht die Bedienung des CLAAS-SENATOR so einfach wie möglich. So werden keine Kräfte vergeudet, und Sie sind auch nach stundenlangem Mähdrusch noch frisch und munter.

4,20 m Schnittbreite stellen, besonders bei schwerem Lagergetreide, hohe Anforderungen an die Dresch- und Reinigungsorgane. Der Trommeldurchmesser beträgt 450 mm. Das ist der ideale Durchmesser, bei dem die Drehzahl weitgehend konstant bleibt. Auch bei unterschiedlicher Belastung.

Gut gedroschen -

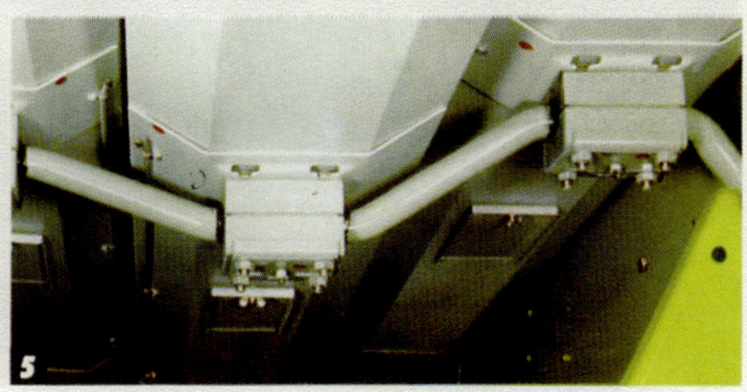

1 Die Gesamtansicht der Hochleistungsschüttler vermittelt einen Eindruck ihrer imponierenden Größe. 2 Mit 10 Leisten ist der Dreschkorb des CLAAS-SENATOR so bestückt, daß ein optimaler Ausdrusch erreicht wird. 3 Die Trommeldrehzahl ist über einen Variator stufenlos hydraulisch verstellbar. Ein Tourenzähler auf dem Armaturenbrett zeigt die jeweilige Umdrehungszahl an. 4 Eine der fünf Schüttlerfallstufen, die das Stroh passieren muß. Beachten Sie bitte die enorme Höhe. Sie ist mit ein Grund, warum das Stroh so sicher ausgeschüttet wird. 5 Die Lagerung der Schüttler auf 2 Kurbelwellen ist ein weiterer Grund für das intensive Ausschütteln des Strohs.

Bei schonendem Drusch (kaum Stroh- oder Körnerbruch) wird bereits der überwiegende Teil der Körner durch den Korb abgeschieden. Der vierteilige Hochleistungs-Hordenschüttler ist 4,75 qm groß. Das Stroh muß über 5 hohe Schüttlerfallstufen hinweg. Auf diesem Weg wird auch unkrautdurchsetztes, langes, feuchtes Stroh sicher ausgeschüttelt.

Unter jeder Schüttlerhorde ist eine Rücklauftasche. So wird auch beim Mähdrusch am Hang der Schüttlerabgang gleichmäßig dem Siebkasten zugeführt und dieser nicht einseitig belastet.

Technische Daten

Schneidwerk: Schnittbreite 3,00 – 6,00 m (serienmäßig 4,20 m), automatische Anpassung an Bodenunebenheiten, hydraulische Schnitthöhenverstellung von – 8 bis + 86 cm, serienmäßige Ausstattung mit Ährenhebern, Schnitthöhenanzeiger und Schneidwerk-Schnellkupplung.

Halmteiler: Dreiteilig, verstellbar, beweglich angebracht (Anpassung an Bodenunebenheiten), wahlweise in kurzer oder langer Ausführung, serienmäßig 2 Stück.

Haspel: Gesteuerte Pickup-Haspel mit Federzinken, hydraulisch verstellbar, stufenlose Drehzahlregulierung.

Dreschtrommel: 450 mm Durchmesser, 1,25 m breit, 6 Schlagleisten, Trommeldrehzahl hydraulisch stufenlos zu regulieren von 650 – 1400 Umdrehungen pro Minute, Drehzahl am Tourenzähler ablesbar.

Entgrannung: Neuartige Zwei-Stufen-Entgrannung. 1. Stufe verlängert den Korb um 3 Leisten. 2. Stufe erhöht die Reibung im Dreschkorb. Beide Stufen sind leicht einschaltbar.

Dreschkorb: 10 Korbleisten (13 bei eingeschaltetem Entgranner), Steinfangmulde, Momentverstellung mit einem Hebel vom Fahrersitz aus.

Schüttler: Vierteiliger Hordenschüttler, auf 2 Kurbelwellen gelagert, Schüttlerfläche 4,75 qm, Abscheidefläche 5,50 qm.

Reinigung: Hochleistungssiebkasten mit Zweistufen-Druckwindreinigung, Gesamtsiebfläche: 3,20 qm.

Korntank: Inhalt 3 200 l, Verteilerschnecke zur vollständigen Füllung, zwei Sichtfenster zur Füllungskontrolle.

Sicherheitskupplungen: Federbelastete Doppelscheiben-Sicherheitskupplung gegen Überlastungen an Haspel, Einzugswalze, Wendetrommel und Überkehrschnecke, zahlreiche andere Sicherheitsvorrichtungen.

Motor: 6-Zylinder-Diesel, 105 PS, wassergekühlt.

Getriebe: 3-Gang-Getriebe mit Einscheiben-Trockenkupplung, Geschwindigkeitsbereich: 1,8 – 19,5 km/h, Rückwärtsgang: 3,3 – 7,8 km/h. Geschwindigkeit über den gesamten Bereich mit hydraulisch gesteuertem Regeltrieb stufenlos verstellbar, Drehzahlmesser für Fahrantrieb.

Bremsen: Mechanische Handbremse, hydraulische Fußbremse (auch als Einzelradbremse wirkend).

Bereifung: Vorn 18,4/15 – 30 AS, hinten 11,5 – 15 AM, Spurweite: vorn 2,50 m, hinten 2,05 m, Radstand 3,20 m, hydrostatische Lenkung.

Beleuchtung: Serienmäßig ausgerüstet mit Scheinwerfern, Begrenzungsleuchten, Blinkleuchten, Warnblinkanlage, Rückspiegeln, Rückstrahlern und Rückleuchten.

Maße:			
bei 14 Fuß (4,20 m) Schnittbreite	In Arbeitsstellung:		
	Länge	9,90 m	(mit langen Halmteilern)
	Breite ca.	5,80 m	(je nach Stellung der Außenabweiser)
	Höhe	3,98 m	
	Beim Transport:		
	Länge	8,60 m	
	Breite	4,60 m	(2,97 m mit abgebauter Schneidwerksmulde)
	Höhe	3,44 m	

Gewicht: ca. 6 110 kg

Lieferbare Sonderausrüstungen auf Wunsch: Strohverteiler – Strohhäcksler – Federzinken-Pickup-Trommel und verschiedene Sonderdruscheinrichtungen sowie Schneidwerkwagen.

Technische Angaben, Maße und Gewichte sind unverbindlich, Konstruktionsänderungen vorbehalten.

Moderne Ernte – 50 ha Hafer sind hier zu dreschen. Da kann der CLAAS-SENATOR zeigen, was er leistet. Unermüdlich zieht er seine Bahn, Stunde um Stunde. Dem Fahrer macht die Arbeit Spaß. Aus gutem Grund. Der Fahrerstand ist bequem. Dort kann er stundenlang sitzen ohne zu ermüden. Auf diese Maschine kann er sich verlassen. Er weiß, sie ist aus Europas größter Mähdrescherfabrik, für Höchstleistungen konstruiert und von erfahrenen Fachleuten aus erstklassigem Material gebaut. Er weiß, auch dieser SENATOR hat zahlreiche Kontrollen durchlaufen, ist auf Herz und Nieren geprüft. Damit ist ein Grad an Zuverlässigkeit erreicht, der Höchstleistungen auch bei hartem Dauereinsatz erlaubt. Darauf kommt es hier an. Große Flächen schnell bewältigen, Zeit sparen, Geld sparen – das sind Forderungen, die Sie an einen Großmähdrescher stellen. Mit dem CLAAS-SENATOR werden Sie immer zufrieden sein.

CLAAS-MERCATOR

Enorme Leistung, einfache Bedienung, zweckmäßige Form.

Fahren

Wer in der Ernte Tag für Tag
auf dem Mähdrescher sitzen muß,
der weiß Bequemlichkeit und Arbeitserleichterung zu schätzen.
Diesen Wünschen der Praxis entsprechend
ist der Fahrerstand des CLAAS-MERCATOR
gestaltet.
Der bequeme Fahrersessel ist gefedert.
Das Schneidwerk läßt sich
mit einem Blick übersehen.
Um den Fahrersitz herum in Griffnähe
sind alle Bedienungsorgane angeordnet.
Die Lenksäule ist stufenlos verstellbar.
Weil der CLAAS-MERCATOR mit
hydrostatischer Lenkung ausgerüstet ist,
läßt er sich spielend leicht steuern.

Die Kontrollinstrumente auf dem Armaturenbrett liegen im Blickfeld des Fahrers.
Links, mit einem Griff zu erreichen,
die Hebel für Korntank, Dreschwerk-
und Schneidwerkkupplung;
rechts für die Korbmomentverstellung,
Haspel-Regeltrieb und Gasverstellung.
Für die Sicherheit:
die Bremskraft wird hydraulisch verstärkt.
Mit dem Steuerventil verstellt der Fahrer
stufenlos Schneidwerk- und Haspelhöhe
und regelt Trommeldrehzahl
und Fahrgeschwindigkeit.

Bedienen

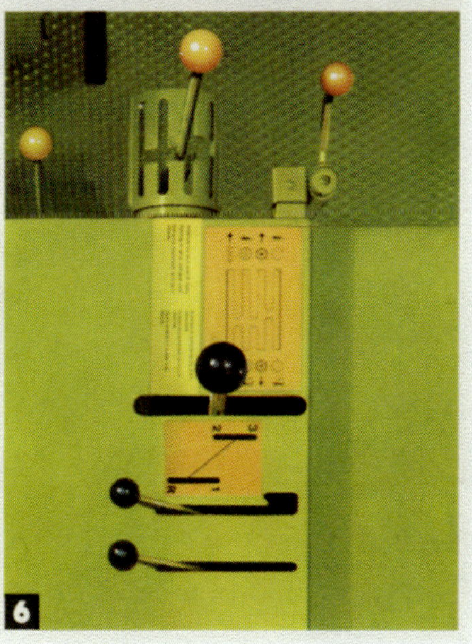

Motor
Der 95 PS starke Motor des CLAAS-MERCATOR auf dem Dach des Mähdreschers liegt in der staubarmen Zone.
Er ist für Wartungsarbeiten leicht zugänglich.
Der Fahrer wird durch Wärme, Abgase und Geräusche nicht belästigt.
Mit 95 PS hat der Motor genügend Kraftreserven, um auch schwierige Situationen sicher zu meistern.
Ein Verbundkeilriemen, das sogenannte Powerband, sorgt für einwandfreie Kraftübertragung auch bei starker Stoßbelastung.

Der Kraftstofftank faßt 180 Liter. Doppelte Kraftstoff-Filter schützen Einspritzpumpe und Düsen vor Störungen und vorzeitigem Verschleiß.

1. Stufenlos verstellbare Lenksäule
2. Schnitthöhenanzeiger
3. Armaturen im Blickfeld des Fahrers
4. Korb-Momentverstellung
5. Hebel für Korntankentleerung, Dreschwerk- und Schneidwerkkupplung
6. Steuerventil für stufenlose, hydraulische Höhenverstellung von Schneidwerk und Haspel sowie zur stufenlosen, hydraulischen Regelung von Trommeldrehzahl und Fahrgeschwindigkeit.
   Gangschaltung, Gashebel und Kurbel für Haspelregeltrieb.

Technische Daten

Schneidwerk:
Schnittbreite 2,60 – 4,20 m.
Schneidwerkmulde leicht abnehmbar, automatische Anpassung an Bodenunebenheiten, hydraulische Schnitthöhenverstellung von – 8 bis + 86 cm, serienmäßige Ausstattung mit Ährenhebern.
Schneidwerk-Schnellkupplung ab 3,00 m Schnittbreite.

Halmteiler:
Serienmäßig 2 Stück, Innen- und Außenabweiser in großem Bereich verstellbar.

Haspel:
Pickup-Haspel mit gesteuerten Federzinken, hydraulisch verstellbar, stufenlose Drehzahlregulierung.

Dreschtrommel:
450 mm Durchmesser, 1,25 m breit, 6 Schlagleisten
Trommeldrehzahl hydraulisch stufenlos von 650 – 1400 U/min. zu regulieren, Drehzahl am Tourenzähler ablesbar.

Entgrannung:
Neuartige Zwei-Stufen-Entgrannung
1. Stufe verlängert den Korb um 3 Leisten
2. Stufe erhöht die Reibung im Dreschkorb
Beide Stufen sind leicht einschaltbar.

Dreschkorb:
10 Korbleisten (13 bei eingeschaltetem Entgranner), Steinfangmulde, Momentverstellung mit einem Hebel vom Fahrersitz aus.

Schüttler:
Vierteiliger Hordenschüttler, auf 2 Kurbelwellen gelagert, Schüttlerfläche 4,20 m^2, Abscheidefläche 4,95 m^2.

Reinigung:
Hochleistungssiebkasten mit Zweistufen-Druckwindreinigung, Gesamtsiebfläche 3,15 m^2.

Korntank:
Inhalt 2700 l,
Verteilerschnecke zur vollständigen Füllung, zwei Sichtfenster zur Füllungskontrolle.

Sicherheitskupplungen:
Federbelastete Doppelscheiben-Sicherheitskupplung gegen Überbelastungen an Haspel, Einzugswalze, Wendetrommel und Überkehrschnecke, zahlreiche andere Sicherheitsvorrichtungen.

Motor:
6-Zylinder-Diesel, 95 PS, wahlweise wasser- oder luftgekühlt.

Getriebe:
3-Gang-Getriebe mit Einscheiben-Trockenkupplung, Geschwindigkeit über den gesamten Bereich Rückwärtsgang: 2,5 – 7,5 km/h, Geschwindigkeit über den gesamten Bereich mit hydraulisch gesteuertem Regeltrieb stufenlos verstellbar, Drehzahlmesser für Fahrantrieb.

Bremsen:
Mechanische Handbremse, hydraulische Fußbremse (auch als Einzelradbremse wirkend).

Bereifung:
Vorn 15 – 26 AS,
hinten 8,50 – 12 AM,
Radstand 3,20 m.

Lenkung:
Hydrostatisch

Beleuchtung:
Serienmäßig ausgerüstet mit Scheinwerfern, Begrenzungsleuchten, Warnblinkanlage, Blinkleuchten, Rückstrahlern und Rückleuchten.

Maße:

in Arbeitsstellung:	
Länge mit langen Halmteilern	9,24 m
Breite, je nach Stellung der Außenabweiser ca.	5,20 m
Höhe	3,92 m
in Transportstellung:	
Länge	8,20 m
Breite*	4,00 m
Höhe	3,38 m

Gewicht: 5790 kg

*) mit abgebauter Schneidwerkmulde 2,97 m Ausrüstung mit 3,60 m Schnittbreite.

Auf Wunsch:
Lieferbare Sonderausrüstungen:
Pickup-Trommel 2,05, 3,50, 4,10 m; Schneidwerktransportwagen, Absackstand, Absackvorrichtung am Korntankauslaufrohr, Absackvorrichtung am Korntank mit seitlicher Plattform, Strohpresse, Strohverteiler, Strohhäcksler, Maisschneidwerk dreireihig, Maispflückvorsatz drei- und vierreihig, Fahrerkabine, Sonnendach, Zusatzscheinwerfer.

Technische Angaben, Maße und Gewichte sind unverbindlich. Konstruktionsänderungen vorbehalten.

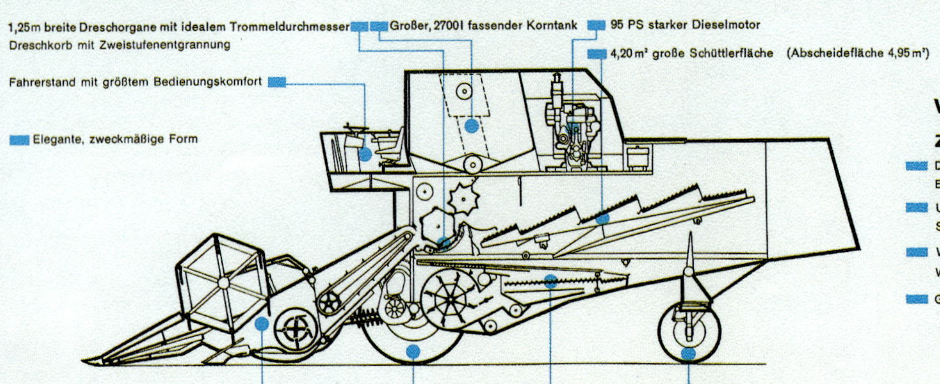

Vorteile des CLAAS-MERCATOR

Zusätzlich:
- Dresch- und Fahrwerk mit modernsten Kraftübertragungs-Elementen
- Universelle Einsatzmöglichkeiten durch verschiedene Sonderausrüstungen
- Wirtschaftlich durch außerordentlich hohe Leistung, geringen Wartungsaufwand und günstigen Preis
- Große Inspektions- und Reinigungsklappen

CLAAS-COMET

Niedrige Bäume sind für den CLAAS-COMET kein Hindernis. Er ist nur 2,75 m hoch.

Dreschen und Trennen

Dreschorgane
Die Dreschorgane des CLAAS-COMET sind mit 0,80 m Breite groß bemessen. Damit ist die Gewähr gegeben, daß auch bei langem, feuchtem Stroh ein einwandfreier Ausdrusch erzielt wird. Die große Masse der Körner wird schon vom Korb abgeschieden.
Die Dreschtrommel hat den idealen Trommeldurchmesser von 450 mm. Das ist der Durchmesser, bei dem die geringsten Drehzahlschwankungen auftreten. Und: es wird besonders schonend gedroschen.
4 enggesetzte Trommelböden machen die Dreschtrommel außerordentlich stabil. Der Antrieb ist höchsten Belastungen gewachsen.
Der Dreschkorb mit 8 Korbleisten kann zusätzlich zur Entgrannung oder zum Ausdrusch schwer dreschbarer Früchte noch um 3 Leisten verlängert werden.
Der Entgrannerblock mit den neuen Vierkantleisten ist von außen durch einen Hebel leicht ein- und auszuschalten.
Für besonders schwierige Verhältnisse können noch Entgranner-Bleche zugeschaltet werden.
Die Kornabscheidung ist besonders hoch, weil das Getreide in den 0,80 m breiten Dreschorganen in einem dünnen Schleier verarbeitet wird.
Der Abstand zwischen Dreschtrommel und Korb wird mit einem Momentverstellhebel vom Fahrersitz aus verändert.

Hordenschüttler
Die Leistungsfähigkeit eines Mähdreschers wird nicht allein von der Schnittbreite bestimmt. Entscheidend ist die Größe der „Verdauungsorgane". (Bild) Darum haben die 3 Hordenschüttler des CLAAS-COMET eine Fläche von 1,70 qm. Die Gesamtabscheidefläche beträgt 2,10 qm. 3 hohe Fallstufen lockern das Stroh intensiv auf. Auch das letzte Korn wird durch den neugestalteten Schüttlerbelag abgefangen. Getrennte Rücklauftaschen führen den Schüttlerabgang verteilt dem Siebkasten zu.
Auch bei der Arbeit am Hang wird der Siebkasten gleichmäßig in voller Breite beschickt.

Reinigen und Sammeln

1

2

3

4

Reinigung
Bei der Leistungsfähigkeit des CLAAS-COMET muß die Reinigung in der Lage sein, die anfallenden Körnermengen sauber zu verarbeiten.
Diesen Erfordernissen sind die Siebfläche (1,26 qm) und die konstruktive Ausbildung des Siebkastens angepaßt. (1)
Hangstege verhindern beim Mähdrusch am Hang die einseitige Belastung des Siebkastens.
Auf dem Vorbereitungsboden wird das Kurzstroh-Spreu-Korngemisch vorsortiert.
Ein Großteil des Korns wird bereits durch den Drahtrost am Ende des Vorbereitungsbodens abgeschieden und auf den von Kurzstroh und Spreu freien Anfang des Lamellensiebes geleitet.

Das übrige Reinigungsgut gelangt über eine hohe Fallstufe – wo es dem Wind eine breite Angriffsfläche bietet – auf das Lamellensieb.
Entsprechend der Korngröße läßt sich das Lamellensieb verstellen.
Durchgang und Winddruck werden damit reguliert. Das Lamellensieb und ein auswechselbares Untersieb sorgen für einwandfreie Reinigung.
Eventuell unausgedroschene Ährenteile, die vom Lamellensieb nicht abgeschieden wurden, gelangen auf den nachfolgenden Drahtrechen. Hier werden sie restlos abgeschieden und nochmals den Dreschorganen zugeführt.
Auswechselbare Untersiebe werden als Schutzverkleidung mitgeführt. (2)

Korntank
Der Korntank hat ein Fassungsvermögen von 1350 l. Das entspricht ca. 11 dz Weizen.
Durch zwei Sichtfenster kann der Fahrer das Füllen des Korntanks beobachten.
Großer Korntank – weniger Abtanken – weniger Leerlaufzeiten.
Die Entleerungszeit beträgt bei trockenem Getreide ca. 60 Sekunden.
Das Auslaufrohr ist so am Korntank angebracht, daß auch beim Einschwenken in Transportstellung die Verbindung stets geschlossen bleibt. (3)
Das Schwenken kann mit geringstem Kraftaufwand durchgeführt werden und ist schnell geschehen. Das Auslaufrohr läßt sich in 6 verschiedene Höhen einstellen (4) und unterschiedlich hohen Wagen anpassen.

Fahren und Bedienen

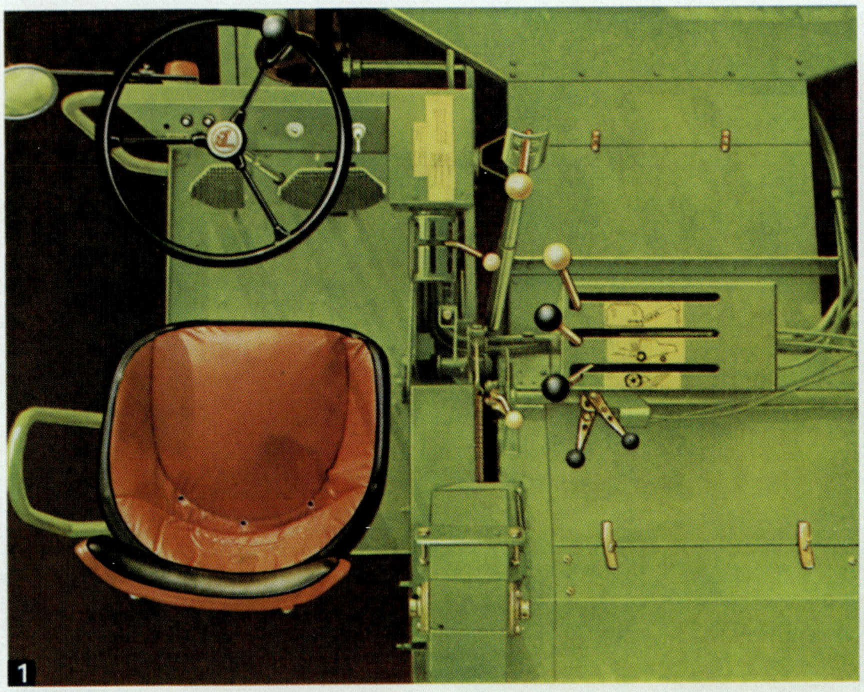

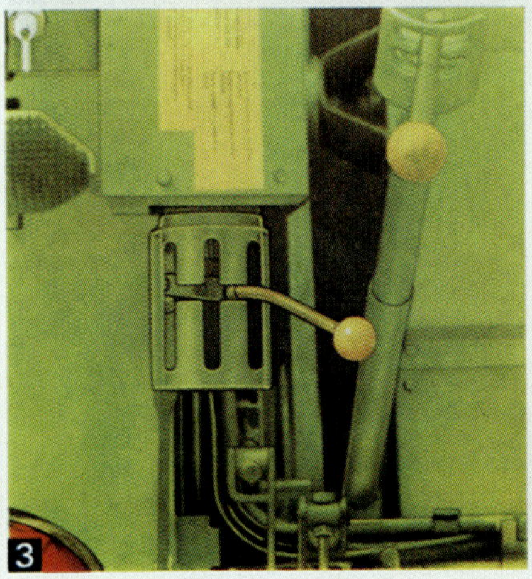

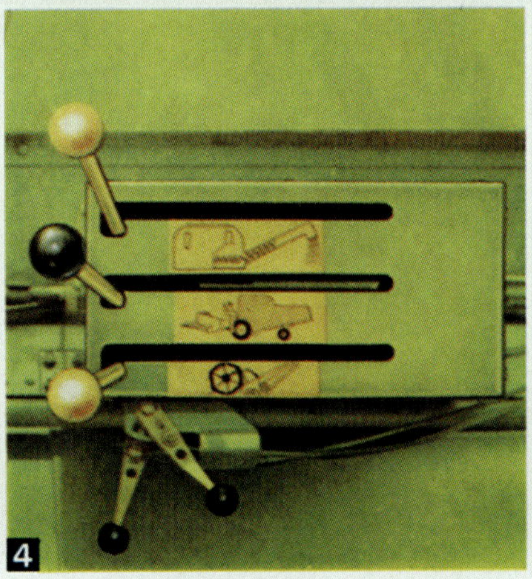

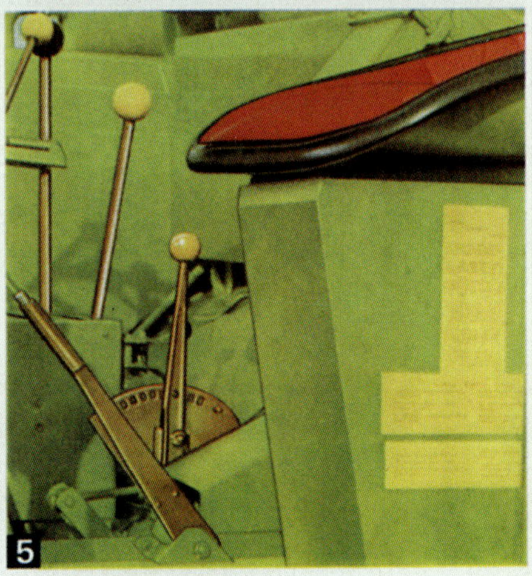

Wer in der Ernte Tag für Tag auf dem Mähdrescher sitzen muß, der weiß Bequemlichkeit und Arbeitserleichterung zu schätzen. Diesen Wünschen der Praxis entsprechend ist der Fahrerstand des CLAAS-COMET gestaltet. Vom bequemen Fahrersitz läßt sich das Schneidwerk mit einem Blick übersehen. Um den Fahrersitz herum in Griffnähe sind alle Bedienungsorgane angeordnet. Die Kontrollinstrumente auf dem Armaturenbrett liegen genau im Blickfeld des Fahrers. Mit dem Steuerventil verstellt er stufenlos Schneidwerk- und Haspelhöhe und regelt die Fahrgeschwindigkeit.

Motor
Wahlweise kann ein VW-Industriemotor (29 PS oder 38 PS) oder ein 34-PS-Dieselmotor eingebaut werden. Der Motor hat genügend Kraftreserven, um auch schwierige Situationen sicher zu meistern. Die günstige Lage des Motors ergibt eine ausgezeichnete Gewichtsverteilung und leichte Zugänglichkeit für Wartung und Pflege.

1. Alle Bedienungsorgane liegen in Griffnähe des Fahrers.
2. Bequem erreichbarer Fahrerstand.
3. Hydraulisches Steuerventil zur stufenlosen Verstellung von Schneidwerk, Haspel und Vorfahrt.
4. Hebel für Korntank-Entleerung, Dreschwerk- und Schneidwerkkupplung.
5. Hebel für Korb-Momentverstellung mit fächerförmigem Einrastblech.

Auf Wunsch

Strohpresse

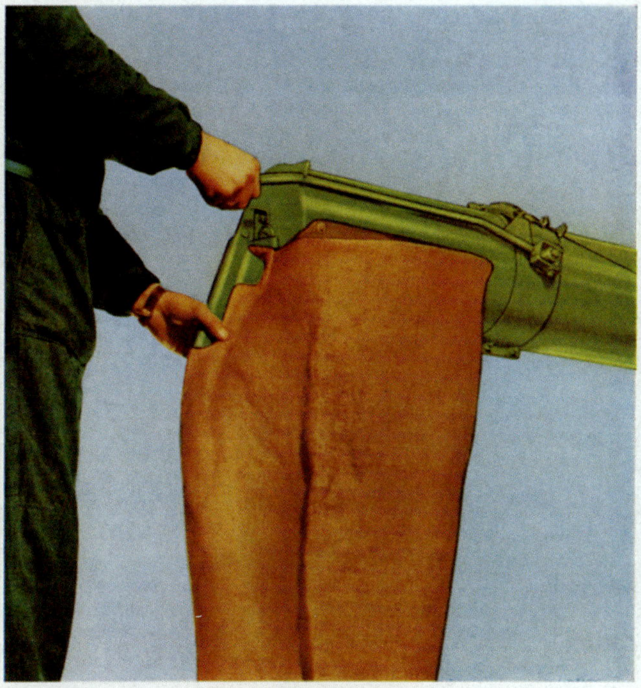

Absackvorrichtung am Korntankauslaufrohr

Anbaupresse
Die bewährte CLAAS-Anbaupresse preßt zweimal gebundene Ballen. Die Kanalbreite beträgt 0,70 m. Ballengröße und Festigkeit der Ballen lassen sich stufenlos regulieren.

Federzinken-Pickup-Trommel
Zum Ausfall neigende Früchte werden mit der Federzinken-Pickup-Trommel aus dem Schwad gedroschen. 1,45 m ist die Trommel breit. Sie nimmt auch stark durchwachsene Schwaden sicher auf.

Maisschneidwerk
Für den CLAAS-COMET kann auf Wunsch ein einreihiges Maisschneidwerk bezogen werden. Beim Drusch mit dem Maisschneidwerk wird die ganze Pflanze geschnitten. Speziell ausgebildete Torpedoteiler nehmen auch abgeknickte und liegende Pflanzen sicher auf.

Absackvorrichtung
Bisweilen kann auf das Absacken des Korns noch nicht verzichtet werden. Dafür bietet der CLAAS-COMET zwei Möglichkeiten. Mit Hilfe der Absackvorrichtung am Korntankauslaufrohr kann der Fahrer das Absacken allein besorgen. Soll während der Fahrt abgesackt werden, empfiehlt es sich, die Absackvorrichtung am Korntank mit seitlicher Plattform zu wählen. Zum Absacken des Getreides aus dem Korntank stehen zwei Ausläufe zur Verfügung.

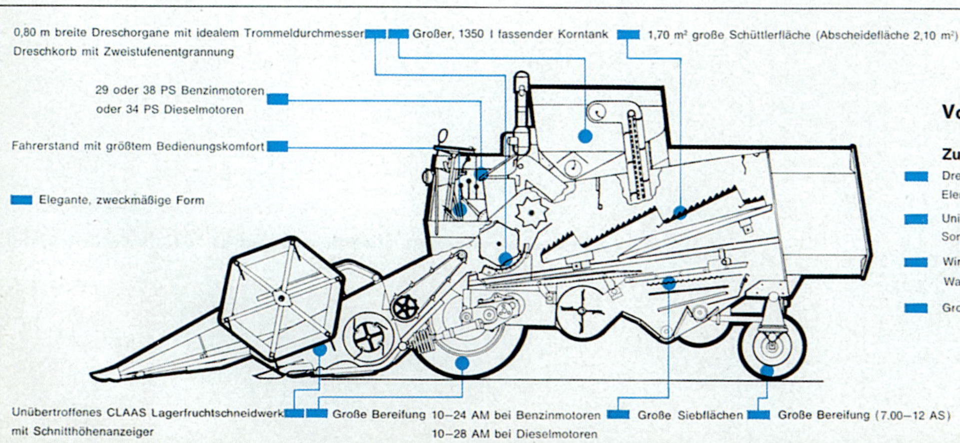

Vorteile des CLAAS-COMET

Zusätzlich:

- Dresch- und Fahrwerk mit modernsten Kraftübertragungs-Elementen
- Universelle Einsatzmöglichkeiten durch verschiedene Sonderausrüstungen
- Wirtschaftlich durch außerordentlich hohe Leistung, geringen Wartungsaufwand und günstigen Preis
- Große Inspektions- und Reinigungsklappen

Technische Daten

Schneidwerk:
Schnittbreite 6 Fuß (1,80 m), automatische Anpassung an Bodenunebenheiten, hydraulische Schnitthöhenverstellung von + 70 bis + 660 mm, serienmäßige Ausstattung mit Ährenhebern.

Halmteiler:
Serienmäßig 2 Stück, Innen- und Außenabweiser in großem Bereich verstellbar.

Haspel:
Pickup-Haspel mit gesteuerten Federzinken, hydraulisch verstellbar.

Dreschtrommel:
450 mm Durchmesser, 800 mm breit, 6 Schlagleisten, Trommeldrehzahl durch Wechselräder von 890–1380 U/min (auf Wunsch 620–890 U/min) verstellbar.

Entgrannung:
Neuartige, auch bei Feuchtigkeit sicher arbeitende Entgrannungseinrichtung, die, eingeschaltet, den Korb um 3 Leisten verlängert und ein- und ausschaltbare Entgrannerbleche.

Dreschkorb:
8 Korbleisten (11 bei eingeschaltetem Entgranner), Steinfangmulde, Momentverstellung mit einem Hebel vom Fahrersitz aus.

Schüttler:
Dreiteiliger Hordenschüttler, auf 2 Kurbelwellen gelagert, Schüttlerfläche 1,70 qm, Gesamtabscheidefläche 2,10 qm.

Reinigung:
Druckwindreinigung mit verstellbarem Lamellensieb und auswechselbarem Untersieb (4 Untersiebe serienmäßig mitgeliefert), Gesamtsiebfläche: 1,26 qm

Korntank:
Inhalt 1350 l, zwei Sichtfenster zur Füllungskontrolle.

Sicherheitskupplungen:
Federbelastete Doppelscheiben-Sicherheitskupplung gegen Überlastungen an Haspel, Einzugswalze und Überkehrschnecke, zahlreiche andere Sicherheitsvorrichtungen.

Motor:
VW-Industriemotor 29 oder 38 PS, luftgekühlt, oder 4-Zylinder-Perkins, Diesel, 34 PS, wassergekühlt, oder Mercedes-Diesel, 34 PS, wassergekühlt.

Getriebe:
Dreigang-Getriebe (3 Vorwärtsgänge, 1 Rückwärtsgang) mit Einscheiben-Trockenkupplung. Geschwindigkeit innerhalb der einzelnen Gänge hydraulisch stufenlos regelbar.

Bremsen:
Fußbremse: mechanische Scheibenbremse, als Einzelradbremse ausgebildet, unabhängig davon mechanische Handbremse.

Bereifung:
Vorn 10–24 AS (bei Dieselmotor 10–28 AS), hinten 7,00–12 AM (bei Strohpresse 11–28 AS), Radstand 2900 mm.

Beleuchtung:
Serienmäßig ausgerüstet mit Scheinwerfern, Begrenzungsleuchten, Rückspiegeln, Rückstrahlern und Rückleuchten.

Maße:

	T	TP
in Arbeitsstellung:		
Länge	7400 mm	8590 mm
Breite	ca. 3400 mm	ca. 3400 mm
(je nach Stellung der Außenabweiser)		
Höhe	2750 mm	2780 mm
in Transportstellung:		
Länge	6050 mm	8120 mm
Breite	2730 mm	2730 mm
Höhe	2750 mm	2780 mm

Gewicht:

	T	TP
	2670 kg	3090 kg

T = Ausrüstung Korntank, ohne Strohpresse
TP = Ausrüstung Korntank mit Strohpresse

Auf Wunsch:
Lieferbare Sonderausführungen: Pickup-Trommel 1,45 m; Absackvorrichtung am Korntankauslaufrohr, Absackvorrichtung am Kontank mit seitlicher Plattform, Strohpresse, Maisschneidwerk einreihig.

Technische Angaben, Maße und Gewichte sind unverbindlich. Konstruktionsänderungen vorbehalten.

Europas ältester und größter Mähdrescher-Hersteller

GEBR. CLAAS · MASCHINENFABRIK GMBH · 4834 HARSEWINKEL

BIA.N.LC (Fa) 400

CLAAS-COSMOS

Nur 2,95 m ist der CLAAS-COSMOS hoch.

CLAAS „Cosmos“ 1967 bis 1971

Erfahrung und Fortschritt

Um die anfallende Arbeit ohne fremde Hilfe bewältigen zu können, ist der Familienbetrieb mehr denn je gezwungen, zu mechanisieren. Das gilt besonders für die Getreideernte. Auch in der 2,10 m-Klasse hat CLAAS deshalb einen Selbstfahrer entwickelt. Er ist besonders auf die Erfordernisse mittlerer Familienbetriebe zugeschnitten: der CLAAS-COSMOS. Mit 2,10 m Schnittbreite, 45 PS-Dieselmotor und 1700 l fassendem Korntank zählt der CLAAS-COSMOS schon zur Mittelklasse. Seine hervorstechendsten Merkmale: hohe Leistungsfähigkeit, moderne Form, niedrige Bauweise. In Bedienungskomfort ist er den CLAAS-Großselbstfahrern gleich.

Über 30 Jahre Erfahrung im Mähdrescherbau sind die Garantie für hohe Betriebssicherheit und einwandfreie Arbeit unter allen nur denkbaren Erntebedingungen. Seine robuste Bauweise verleiht dem CLAAS-COSMOS eine lange Lebensdauer. Eine beruhigende Gewißheit für den Landwirt, der nicht schon nach wenigen Ernten einen neuen Mähdrescher kaufen möchte. Speziell um die Lebensdauer der Maschinen zu verlängern, hat CLAAS neue Produktionsmethoden entwickelt, die z. B. den Korrosionsschutz bedeutend erhöhen. So werden alle Einzelteile schon vor der Montage endlackiert. Die Lackierung wird bei Temperaturen von 150–170 Grad eingebrannt.

Der Farbauftrag beim CLAAS-COSMOS bietet eine erhebliche mechanische Widerstandsfähigkeit gegen Stoß und Schlag bei ausgezeichneter Witterungsbeständigkeit. Organe, die mit dem Erntegut in Verbindung kommen (Schüttlerbeläge, Siebe usw.), sind feuerverzinkt. Alle Verbindungselemente wie Schrauben, Bolzen, Laschen werden verzinkt-chromatiert. Damit hat CLAAS seine schon bekannt gute Qualität auf ein Niveau gebracht, das bei Landmaschinen einmalig sein dürfte. Der praktische Nutzen für den Landwirt: längere Lebensdauer des Mähdreschers, Geldersparnis, höherer Wiederverkaufswert. Seit in Europa Mähdrescher gebaut werden, führt CLAAS im Mähdrescherbau.

Auf Wunsch

Hydraulische Lenkhilfe zur Lenkerleichterung.

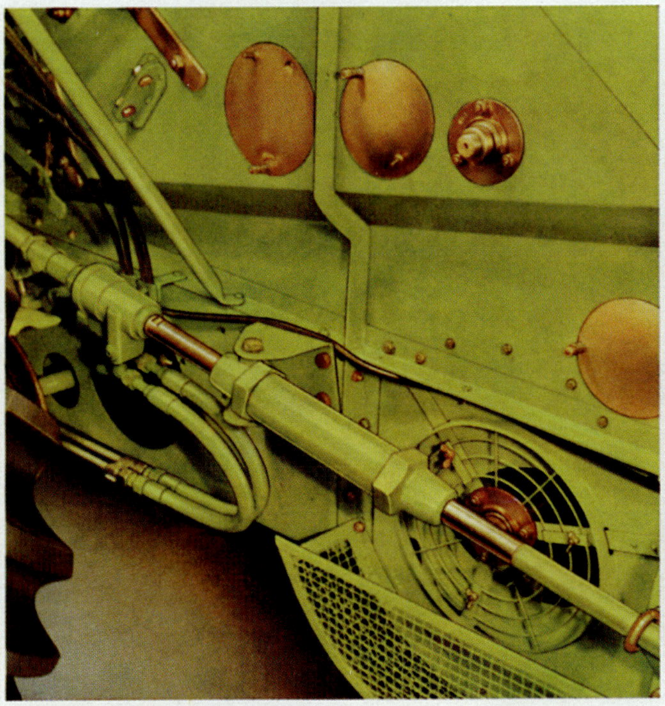

Absackvorrichtung am Korntank-Auslaufrohr.

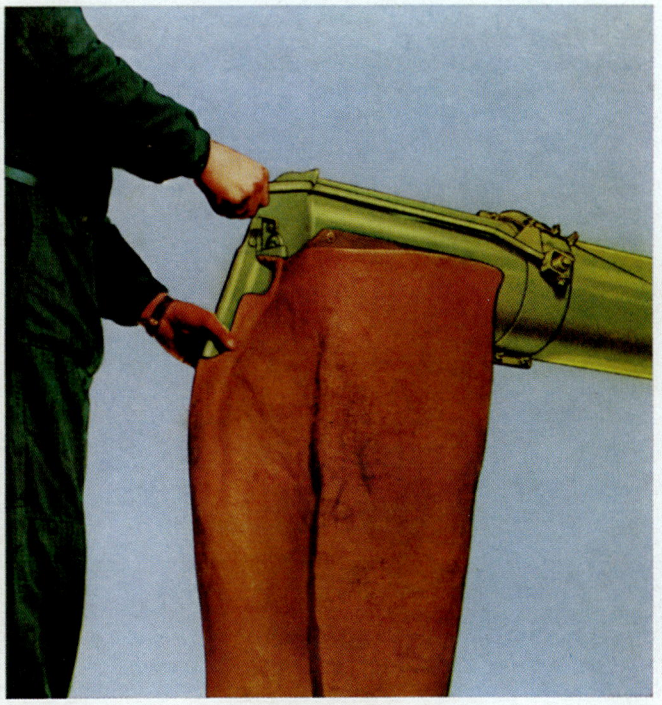

Der CLAAS-COSMOS kann auf Wunsch mit einer hydraulischen Lenkhilfe ausgerüstet werden. Das Lenken wird dadurch wesentlich erleichtert.

Federzinken-Pickup-Trommel
Zum Ausfall neigende Früchte werden mit der Federzinken-Pickup-Trommel aus dem Schwad gedroschen. Die Trommel hat eine Breite von 1,60 m. Sie nimmt auch stark durchwachsene Schwaden sicher auf.

Maisschneidwerk
Für den CLAAS-COSMOS kann auf Wunsch ein zweireihiges Maisschneidwerk bezogen werden. Beim Drusch mit dem Maisschneidwerk wird die ganze Pflanze geschnitten.

Speziell ausgebildete Torpedoteiler nehmen auch abgeknickte und liegende Pflanzen sicher auf.
Bei angebautem Häcksler ist das Feld sofort nach dem Dreschen pflugfertig.

Strohhäcksler
Der Anbau-Strohhäcksler verarbeitet auch Raps- und Maisstroh zuverlässig. Über verstellbare Leitbleche wird das gehäckselte Stroh über die gesamte Schnittbreite verteilt. So erzielt man einen gleichmäßigen dichten Strohteppich. In einem Arbeitsgang ist das Feld pflugfertig.

Anbaupresse
Die bewährte CLAAS-Anbaupresse preßt zweimal gebundene Ballen. Die Kanalbreite beträgt 70 cm. Ballengröße und Festigkeit der Ballen lassen sich stufenlos regulieren.

Absackvorrichtung
Bisweilen kann auf das Absacken des Korns noch nicht verzichtet werden. Mit Hilfe der Absackvorrichtung am Korntankauslaufrohr kann der Fahrer das Absacken allein besorgen.

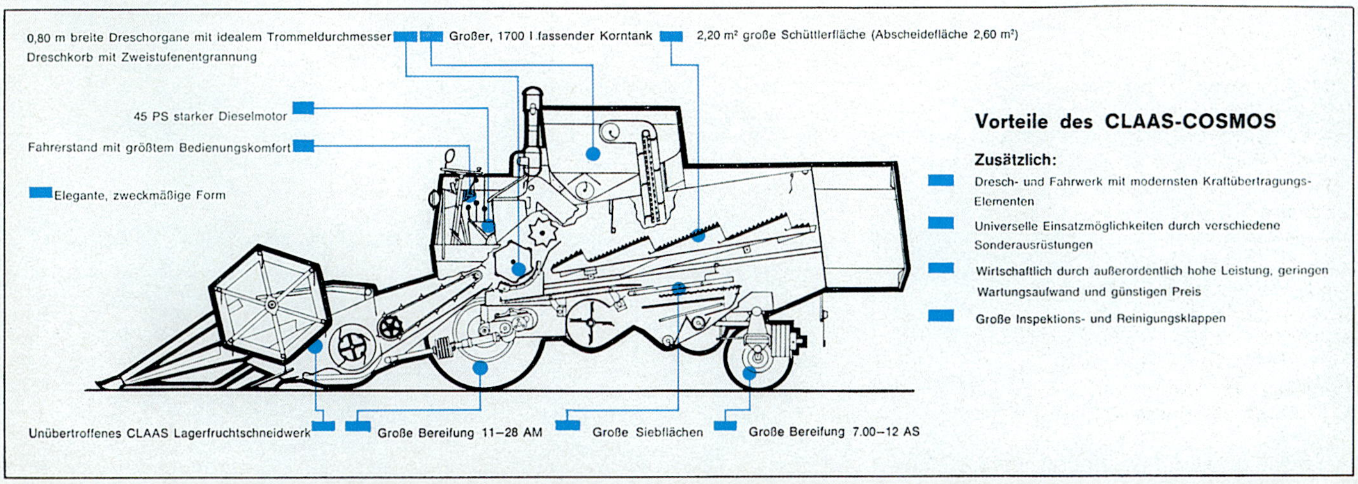

Technische Daten

Schneidwerk:
Schnittbreite 2,10 m,
Automatische Anpassung an Bodenunebenheiten, hydraulische Schnitthöhenverstellung von 6 bis 75 cm,
serienmäßige Ausstattung mit Ährenhebern.

Halmteiler:
Serienmäßig 2 Stück,
Innen- und Außenabweiser
in großem Bereich verstellbar.

Haspel:
Pickup-Haspel mit gesteuerten Federzinken, hydraulisch verstellbar.

Dreschtrommel:
450 mm Durchmesser, 0,80 m breit,
6 Schlagleisten,
Trommeldrehzahl durch Wechselräder
von 950–1480 U/min verstellbar
(auf Wunsch 640–950 U/min).

Entgrannung:
Neuartige Zwei-Stufen-Entgrannung
1. Stufe verlängert den Korb um 3 Leisten
2. Stufe erhöht die Reibung im Dreschkorb.
Beide Stufen sind leicht einschaltbar.

Dreschkorb:
8 Korbleisten
(11 bei eingeschaltetem Entgranner),
Steinfangmulde,
Momentverstellung mit einem Hebel
vom Fahrersitz aus.

Schüttler:
Dreiteilige Hordenschüttler,
auf 2 Kurbelwellen gelagert,
Schüttlerfläche 2,38 m^2
Abscheidefläche 2,78 m^2.

Reinigung:
Druckwindreinigung
mit verstellbarem Lamellensieb
und auswechselbarem Untersieb
(4 Untersiebe serienmäßig mitgeliefert),
Gesamtsiebfläche: 1,44 qm.

Korntank:
Inhalt 1700 l,
Verteilerschnecke zur vollständigen Füllung,
zwei Sichtfenster zur Füllungskontrolle.

Sicherheitskupplungen:
Federbelastete Doppelscheiben-Sicherheitskupplung gegen Überlastungen
an Haspel, Einzugswalze
und Überkehrschnecke, zahlreiche andere
Sicherheitsvorrichtungen.

Motor:
Ford-Diesel 45 PS, wassergekühlt,
Perkins-Diesel 45 PS, wassergekühlt,
Deutz-Diesel 45 PS, luftgekühlt.

Getriebe:
Dreigang-Getriebe
(3 Vorwärtsgänge, 1 Rückwärtsgang)
mit Einscheiben-Trockenkupplung.
Geschwindigkeit
innerhalb der einzelnen Gänge
hydraulisch stufenlos regelbar.

Bremsen:
Mechanische Handbremse,
mechanische Fußbremse
als Scheibenbremse;
auch als Einzelradbremse wirkend.

Bereifung:
Vorn 11–28 AS,
hinten 7,00–12 AM,
auf Wunsch Triebachsbereifung 13–26 AS,
und Lenkachsbereifung 8,50–12 AM,
Radstand 2,90 m.

Beleuchtung:
Serienmäßig ausgerüstet mit Scheinwerfern, Begrenzungsleuchten, Blinkleuchten, Warnblinkanlage, Rückstrahlern und Rückleuchten.

Maße:
Ausrüstung mit Korntank ohne Strohpresse in Arbeitsstellung:

Länge mit langen Halmteilern	7,96 m
Breite, je nach Stellung der Außenabweiser ca.	3,70 m
Höhe	2,95 m
in Transportstellung:	
Länge	6,67 m
Breite	2,73 m
Höhe	2,95 m

Gewicht: 3370 kg

Auf Wunsch:
Lieferbare Sonderausrüstungen:
Pickup-Trommel 1,60 m;
Absackvorrichtung am Korntankauslaufrohr,
Strohpresse, Strohhäcksler,
Maisschneidwerk zweireihig,
hydraulische Lenkhilfe,
Zusatzscheinwerfer.

Technische Angaben,
Maße und Gewichte sind unverbindlich.
Konstruktionsänderungen vorbehalten.

Europas ältester und größter Mähdrescher-Hersteller

GEBR. CLAAS · MASCHINENFABRIK GMBH · 4834 HARSEWINKEL

BIT.L.LH. (Fa) 300

CLAAS-CONSUL

Große Leistung, beispielhafter Bedienungskomfort, moderne Form: CLAAS-CONSUL.

CLAAS „Consul“ 1967 bis 1981

Fahren

Fahrerstand
Wer in der Ernte Tag für Tag auf dem Mähdrescher sitzen muß, der weiß Bequemlichkeit und Arbeitserleichterung zu schätzen.
Ganz nach den Wünschen der Praxis ist der Fahrerstand des CLAAS-CONSUL gestaltet. Vom bequemen Fahrersitz aus läßt sich das Schneidwerk mit einem Blick übersehen. Um den Fahrersitz herum in Griffnähe sind alle Bedienungshebel angeordnet. Weil der CLAAS-CONSUL mit hydrostatischer Lenkung ausgerüstet ist, läßt er sich spielend leicht lenken. Die Kontrollinstrumente liegen im Blickfeld des Fahrers. Mit dem Steuerventil verstellt er stufenlos Schneidwerk- und Haspelhöhe und regelt die Fahrgeschwindigkeit.

Motor
Der 68 PS starke Motor hat genügend Kraftreserven, um auch schwierige Situationen sicher zu meistern. Seine günstige Lage ergibt eine ausgezeichnete Gewichtsverteilung und leichte Zugänglichkeit für Wartung und Pflege.

Bedienen

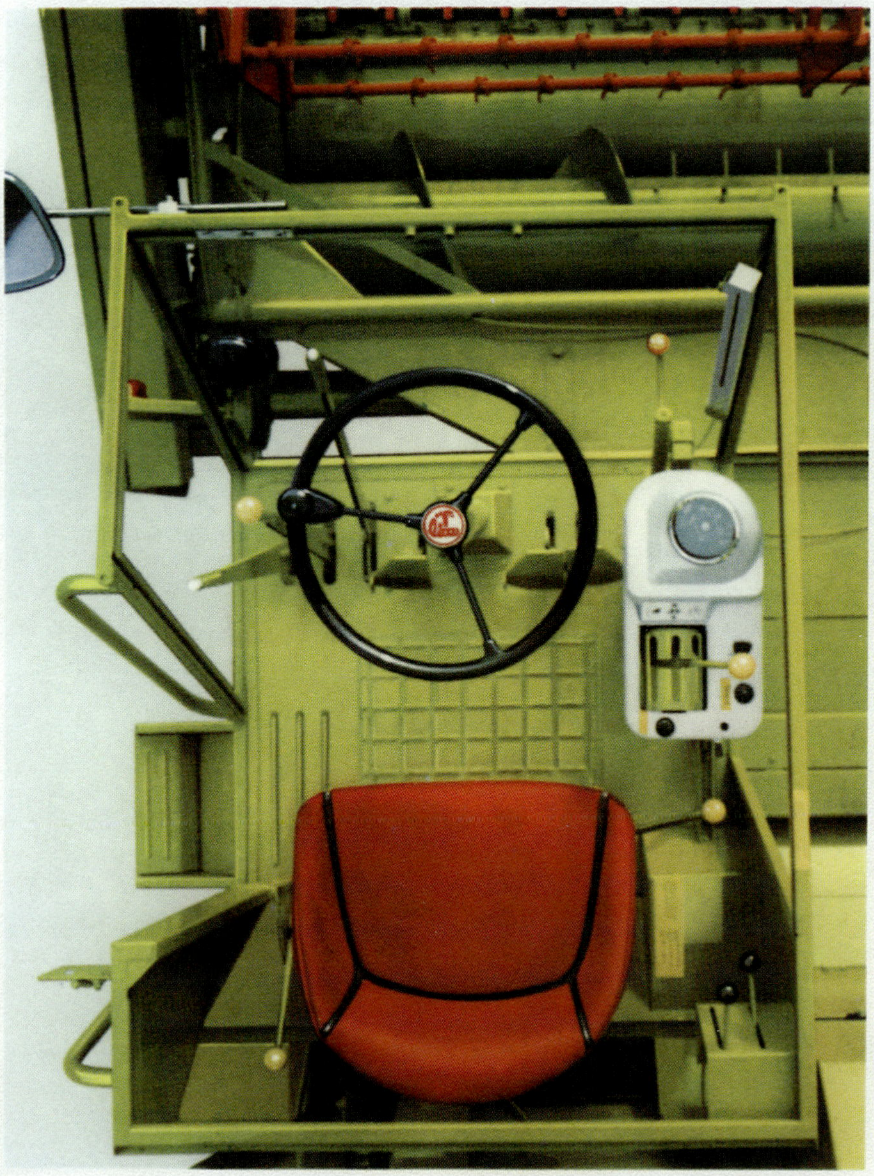

Der Fahrerstand bietet den Bedienungskomfort eines Großselbstfahrers: Gute Übersicht nach allen Seiten, Bedienungshebel in Griffnähe.

Links vom Fahrersitz:
die Korb-Momentverstellung.

Links vom Lenkrad:
die Hebel für Korntank-, Dreschwerk- und Schneidwerkkupplung und das Kupplungspedal für das Fahrwerk.

Rechts vom Lenkrad:
die beiden Pedale für die Einzelradbremse, Verstellhebel für den Haspelregeltrieb, der Schnitthöhenanzeiger und der Armaturenblock mit Steuerventil.

Unter dem Armaturenblock befindet sich die Handbremse.

Rechts vom Fahrersitz:
der Hebel für die Gangschaltung, der Gas- und Abstellhebel.

Der Armaturenblock enthält den Kombianzeiger, das Steuerventil für die Hydraulik, Knopf für Anlasser und Signalhorn, Hebel für Blinkeinrichtung, und das Zündschloß.

Mit dem Kombianzeiger kontrollieren Sie Batteriestand, Zündung, Öldruck, Tankinhalt, Motortemperatur und Blinker.

Steuerventil für stufenlose hydraulische Höhenverstellung von Schneidwerk und Haspel sowie zur stufenlosen hydraulischen Regelung der Vorfahrt.

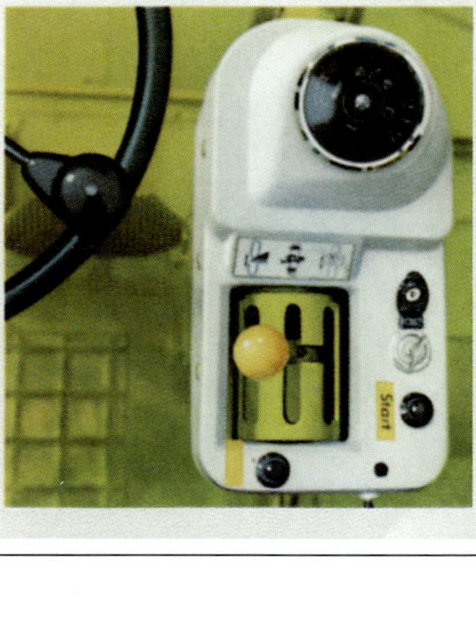

Technische Daten

Schneidwerk:
Schnittbreite 2,60 m
automatische Anpassung an Bodenunebenheiten, hydraulische Schnitthöhenverstellung von – 8 bis + 86 cm,
serienmäßige Ausstattung mit Ährenhebern.

Halmteiler:
Serienmäßig 2 Stück,
Innen- und Außenabweiser
in großem Bereich verstellbar.

Haspel:
Pickup-Haspel mit gesteuerten Federzinken,
hydraulisch verstellbar,
stufenlose Drehzahlregulierung.

Dreschtrommel:
450 mm Durchmesser, 1,06 m breit,
6 Schlagleisten,
Trommeldrehzahl mechanisch stufenlos verstellbar von 650 - 1500 U/min,
Drehzahl am Drehzahlanzeiger ablesbar.

Entgrannung:
Neuartige Zwei-Stufen-Entgrannung
1. Stufe verlängert den Korb um 3 Leisten
2. Stufe erhöht die Reibung im Dreschkorb
Beide Stufen sind leicht einschaltbar.

Dreschkorb:
10 Korbleisten
(13 bei eingeschaltetem Entgranner),
Steinfangmulde,
Momentverstellung mit einem Hebel
vom Fahrersitz aus.

Schüttler:
Vierteiliger Hordenschüttler,
auf 2 Kurbelwellen gelagert,
Schüttlerfläche 3,55 qm,
Abscheidefläche 4,10 qm.

Reinigung:
Hochleistungssiebkasten
mit Druckwindreinigung,
Gesamtsiebfläche 2,05 qm.

Korntank:
Inhalt 2000 l,
Verteilerschnecke zur vollständigen Füllung,
ein Sichtfenster zur Füllungskontrolle.

Sicherheitskupplungen:
Federbelastete Doppelscheiben-Sicherheitskupplung gegen Überbelastungen an Haspel, Einzugswalze, Schrägförderer, Kornschnecke und Überkehrschnecke,
zahlreiche andere Sicherheitsvorrichtungen.

Motor:
4-Zylinder-Diesel, 68 PS.
Wahlweise wasser- oder luftgekühlt.

Getriebe:
3-Gang-Getriebe
mit Einscheiben-Trockenkupplung,
Geschwindigkeitsbereich 1,5 — 15,1 km/h,
Rückwärtsgang: 2,8 — 6 km/h,
Geschwindigkeit über den gesamten Bereich mit hydraulisch gesteuertem Regeltrieb stufenlos verstellbar.

Bremsen:
Mechanische Handbremse,
mechanische Fußbremse, auch als Einzelradbremse wirkend.

Bereifung:
Vorn 13 — 26 AS,
hinten 8,50 — 12 AM,
Radstand 3,30 m.

Lenkung:
hydrostatisch

Beleuchtung:
Serienmäßig ausgerüstet mit Scheinwerfern, Begrenzungsleuchten, Blinkleuchten, Rückstrahlern und Rückleuchten.

Maße:
in Arbeitsstellung:

Länge mit langen Halmteilern	8,76 m
Breite, je nach Stellung der Außenabweiser ca.	4,20 m
Höhe	2,92 m

in Transportstellung:

Länge	7,56 m
Breite	2,95 m
Höhe	2,92 m

Gewicht ca.:	4310 kg

Auf Wunsch:
Lieferbare Sonderausrüstungen:
Pickup-Trommel 2,05 m,
Absackvorrichtung am Korntankauslaufrohr,
Absackvorrichtung am Korntank
mit seitlicher Plattform,
Strohpresse, Strohverteiler, Strohhäcksler,
Maisschneidwerk zweireihig,
Maispflückvorsatz zweireihig,
Fahrerkabine, Sonnendach,
Zusatzscheinwerfer.

Technische Angaben,
Maße und Gewichte sind unverbindlich.
Konstruktionsänderungen vorbehalten.

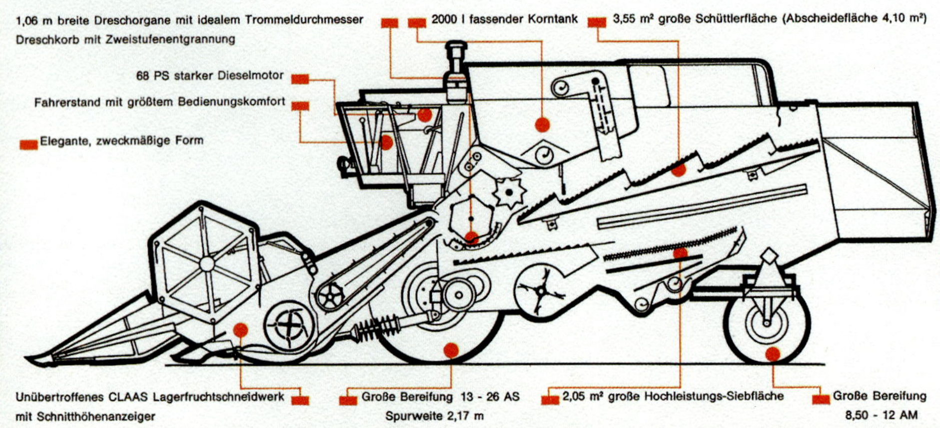

Vorteile des CLAAS-CONSUL

Zusätzlich:
- Universelle Einsatzmöglichkeiten durch verschiedene Sonderausrüstungen
- Wirtschaftlichkeit durch außerordentlich hohe Leistung geringen Wartungsaufwand und günstigen Preis
- Reduziergetriebe im Vollölbad
- 10 bis 13 Dreschkorbleisten
- Besonders niedrige Bauhöhe 2,92 m, ideale Hangmaschine

CLAAS-GARANT

CLAAS-GARANT, der neue Gezogene in Längsfluß-Bauart. Formschön, leistungsstark und preiswert.

CLAAS „Garant“ 1967 bis 1970

Erfahrung und Fortschritt

Technisch gesehen stellt die Getreidebergung heute kein Problem mehr dar. Sie ist mit dem Mähdrescher zufriedenstellend gelöst. Die wirtschaftliche Seite ist in den Vordergrund getreten. Der Landwirt steht vor der Frage, trotz Kapitalknappheit eine wirtschaftlich vertretbare Lösung für seinen Betrieb zu finden. Das bedeutet, einen Mähdrescher zu wählen, dessen Preis in angemessenem Verhältnis zur Leistung steht. Diesen Vorteil bietet der gezogene Mähdrescher in besonderem Maße: Ist ein genügend starker Schlepper vorhanden und sind die Felder nicht zu klein, dann ist der gezogene Mähdrescher wirtschaftlicher als der Selbstfahrer.

Für die Freunde der Längsfluß-Bauart hat CLAAS 1967 einen neuen Typ herausgebracht: den CLAAS-GARANT mit 2,40 m Schnittbreite, 1,06 m breiten Dreschorganen, 3,15 qm Schüttelfläche, 2,05 qm Siebfläche und 1800 l fassendem Korntank liegt der CLAAS-GARANT an der Spitze seiner Klasse. Diese Daten garantieren große Leistung. Daß sie auch unter erschwerten Bedingungen erzielt wird, ist selbstverständlich.

Die robuste Bauart verleiht dem CLAAS-GARANT eine lange Lebensdauer. Ein weiteres Argument, das für die Wirtschaftlichkeit dieses Mähdreschers spricht. Speziell um die Lebensdauer zu verlängern, werden CLAAS-Mähdrescher jetzt nach einem neuen Verfahren gefertigt, das z. B. den Korrosionsschutz bedeutend erhöht. Entscheidendes Merkmal: alle Einzelteile erhalten vor der Endmontage ihre Decklackierung.

Sie wird bei Temperaturen zwischen 150° und 170° eingebrannt. Das ergibt eine Farbschicht, die eine erhebliche mechanische Widerstandsfähigkeit gegen Stoß und Schlag bei ausgezeichneter Witterungsbeständigkeit aufweist. Alle Verbindungselemente wie Schrauben, Bolzen, Laschen u. ä. werden verzinkt-chromatiert und können nicht rosten.

Das neue Fertigungssystem – einmalig im europäischen Mähdrescherbau – garantiert einen Qualitätsstandard, wie er bei Landmaschinen bisher nicht üblich war. Der praktische Nutzen für den Landwirt: längere Lebensdauer des Mähdreschers, Geldersparnis, höherer Wiederverkaufswert.

Seit in Europa Mähdrescher gebaut werden, führt CLAAS im europäischen Mähdrescherbau.

Die gute Arbeit eines Schneidwerks ist ausschlaggebend für das Ernteergebnis. Das gefederte 2,40 m breite Schneidwerk des CLAAS-GARANT weist alle Vorzüge und bewährten Konstruktionsmerkmale der CLAAS-Selbstfahrer-Schneidwerke auf. Es ist speziell für die Arbeit in schwerem und lagerndem Getreide gebaut. Auch flach am Boden liegendes und unkrautdurchwachsenes Getreide wird sicher aufgenommen.

Halmteiler
Serienmäßig gehören zwei Halmteiler zur Ausrüstung. Sie sind mit einem Schnellverschluß am Schneidwerk beweglich angebracht. Dadurch können sie sich unabhängig vom Schneidwerk den Bodenunebenheiten anpassen.

Federstahl-Ährenheber
Die Ährenheber heben flachliegende Halme aus dem Unterwuchs. So werden keine Ähren abgeschnitten und Verluste vermieden. Für je 30 cm Schnittbreite werden 2 Ährenheber mitgeliefert, die mit einem Schnellverschluß zu befestigen sind.

Federzinken-Haspel
Die hydraulisch höhenverstellbare Haspel mit gesteuerten Federzinken ist über dem Messerbalken angeordnet. Über einen Regeltrieb kann die Drehzahl verändert und der Fahrgeschwindigkeit angepaßt werden. Die Haspel transportiert das geschnittene Getreide sicher zur Einzugswalze. Vorteilhaft ist der große Abstand zwischen Messerbalken und Einzugswalze. Langes Getreide wird nicht erfaßt, bevor es geschnitten ist. Bei empfindlichen Fruchtarten werden ausfallende Körner in einer Mulde hinter dem Messerbalken aufgefangen.

Schneidwerk
Durch die großen Federn mit langem Federweg paßt sich das Schneidwerk automatisch allen Bodenunebenheiten an. Dem Fahrer bleiben dauernde Feinregulierungen der Schnitthöhe erspart. Mit der Sofortstop-Vorrichtung kann das Schneidwerk blitzschnell stillgesetzt und die Getreidezufuhr unterbrochen werden. Das macht der Schlepperfahrer mit einem Griff.

1. Federzinken-Pickup-Haspel, hydraulisch höhenverstellbar, Geschwindigkeit stufenlos regelbar.

2. Schneidwerksfedern zur tastenden Anpassung an alle Bodenunebenheiten.

3. Sofortstop-Einrichtung.

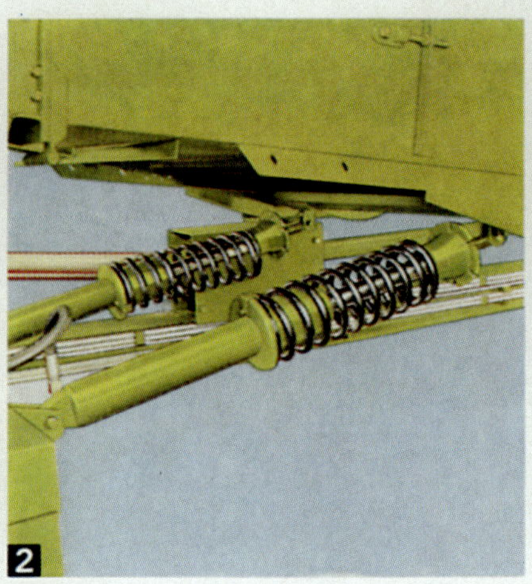

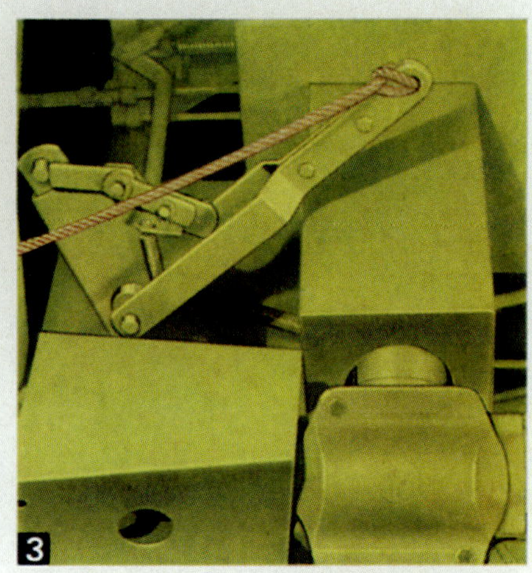

Schneiden

Das Schneidwerk, 2,40 m breit, paßt sich Bodenunebenheiten selbsttätig an.

Technische Daten

Schneidwerk:
Schnittbreite 2,40 m,
automatische Anpassung an Bodenunebenheiten, hydraulische Schnitthöhenverstellung von – 8 bis + 120 cm,
serienmäßige Ausstattung mit Ährenhebern.

Halmteiler:
Serienmäßig 2 Stück mit
Innen- und Außenabweiser

Haspel:
Pickup-Haspel mit gesteuerten Federzinken,
hydraulisch verstellbar,
stufenlose Drehzahlregulierung.

Dreschtrommel:
450 mm Durchmesser, 1,06 m breit,
6 Schlagleisten,
Trommeldrehzahl stufenlos mechanisch von 650–1500 U/min zu regulieren,
Drehzahl am Tourenzähler ablesbar.

Entgrannung:
Neuartige Zwei-Stufen-Entgrannung
1. Stufe verlängert den Korb um 3 Leisten
2. Stufe erhöht die Reibung im Dreschkorb
Beide Stufen sind leicht einschaltbar.

Dreschkorb:
8 Korbleisten
(11 bei eingeschaltetem Entgranner),
Steinfangmulde, Korbmomentverstellung

Schüttler:
Vierteiliger Hordenschüttler,
auf 2 Kurbelwellen gelagert,
Schüttlerfläche 3,15 m²,
Abscheidefläche 3,70 m².

Reinigung:
Hochleistungssiebkasten
mit Druckwindreinigung,
Gesamtsiebfläche 2,05 m².

Korntank:
Inhalt 1800 l,
Verteilerschnecke zur vollständigen Füllung,
zwei Sichtfenster zur Füllungskontrolle.

Sicherheitskupplungen:
Federbelastete Doppelscheiben-Sicherheitskupplung gegen Überbelastungen an Haspel, Einzugswalze
und Überkehrschnecke,
zahlreiche andere Sicherheitsvorrichtungen.

Fahr- und Arbeitsantrieb:
Schlepper ab 45 PS mit Zapfwellenantrieb.
Deichselwinde serienmäßig.

Bereifung:
12,5 – 18 AM (auf Wunsch 14,5 – 20 AM).

Maße:

Ausrüstung mit Korntank, ohne Strohpresse in Arbeitsstellung:

Länge mit langen Halmteilern		8,40 m
Breite, je nach Stellung der Außenabweiser	ca.	4,55 m
Höhe		2,93 m

in Transportstellung:

Länge	8,40 m
Breite	2,92 m
Höhe	2,93 m

Gewicht:	2920 kg

Auf Wunsch:
Lieferbare Sonderausrüstungen:
Pickup-Trommel 2,05 m;
Absackvorrichtung am Korntankauslaufrohr,
Strohverteiler, Strohhäcksler,
Maisschneidwerk zweireihig,
Maispflückvorsatz zweireihig,
Bremse.

Technische Angaben, Maße und Gewichte sind unverbindlich. Konstruktionsänderungen vorbehalten.

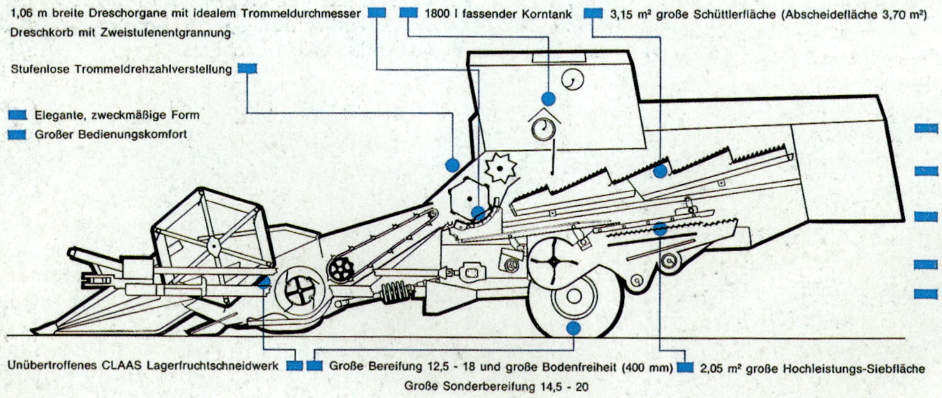

Vorteile des CLAAS-GARANT

Zusätzlich:

- Leichtes Umstellen von Arbeits- in Transportstellung und umgekehrt
- Universelle Einsatzmöglichkeiten durch verschiedene Sonderausrüstungen
- Wirtschaftlich durch hohe Leistung, geringen Wartungsaufwand und günstigen Preis
- Leichte Anpassung an verschiedene Zapfwellendrehzahlen
- Stärkster gezogener Längsflußmähdrescher auf dem Markt

Europas ältester und größter Mähdrescher-Hersteller

GEBR. CLAAS · MASCHINENFABRIK GMBH · 4834 HARSEWINKEL

BID. AA. LC (Le) 50

CLAAS-PROTECTOR

Hier macht das Mähdreschen Freude. Erst recht mit dem CLAAS-PROTECTOR.

CLAAS „Protector“ 1968 bis 1972

Trennen

1

2

3

Schüttler müssen groß sein (1). Und hohe Fallstufen haben (2). Dann bleibt auch in langem, gründurchwachsenem Stroh kein Korn mehr hängen. Auch wenn das Stroh feucht ist. Schauen Sie sich die vier

Hordenschüttler
des CLAAS-PROTECTOR einmal an. Beachten Sie die Größe (4,20 qm) und die hohen Fallstufen (4 an der Zahl). Dann wissen Sie: diese Schüttler arbeiten gründlich.
Jeder Schüttler hat eine eigene Rücklauftasche. So wird der Schüttlerabgang dem Siebkasten verteilt zugeführt. Der Siebkasten wird immer gleichmäßig in voller Breite beschickt. Nicht nur, wenn in der Ebene gearbeitet wird. Auch am Hang. Und mehr als 50 % der Getreideanbaufläche in der Bundesrepublik liegen in hängigem Gelände.

Die Schüttler haben Holzlager (3). Holzlager halten länger. Die Betriebssicherheit ist größer. Alles zu Ihrem Vorteil. Wenn Sie die Schüttler reinigen wollen: Die Strohausfallhaube hat zwei Reinigungsöffnungen. Was Sie noch beachten sollten: Die Schüttler sind aus sendzimir-verzinktem Blech. Rundherum. Nicht nur die Beläge. Sie wissen ja, wir haben etwas gegen Korrosion.

Technische Daten

Schneidwerk: Schnittbreite 8½ und 10 Fuß (2,60 und 3,00 m), automatische Anpassung an Bodenunebenheiten, hydraulische Schnitthöhenverstellung von -80 bis +860 mm, serienmäßige Ausstattung mit Ährenhebern.

Halmteiler: Serienmäßig 2 Stück, Innen- und Außenabweiser in großem Bereich verstellbar.

Haspel: Pickup-Haspel mit gesteuerten Federzinken, hydraulisch verstellbar, stufenlose Drehzahlregulierung.

Dreschtrommel: 450 mm Durchmesser, 1250 mm breit, 6 Schlagleisten, Trommeldrehzahl hydraulisch stufenlos von 650 – 1400 U/min. zu regulieren, Drehzahl am Tourenzähler ablesbar.

Entgrannung: Neuartige, auch bei Feuchtigkeit sicher arbeitende Entgrannungseinrichtung, die, eingeschaltet, den Korb um 3 Leisten verlängert und ein- und ausschaltbare Entgrannerbleche.

Dreschkorb: 10 Korbleisten (13 bei eingeschaltetem Entgranner), Steinfangmulde, Momentverstellung mit einem Hebel vom Fahrersitz aus.

Schüttler: Vierteilige Hordenschüttler, auf 2 Kurbelwellen gelagert, Schüttlerfläche 4,20 qm, Abscheidefläche 4,95 qm.

Reinigung: Hochleistungssiebkasten mit Zweistufen-Druckwindreinigung, Gesamtsiebfläche 3,15 qm.

Korntank: Inhalt 2000 l, Verteilerschnecke zur vollständigen Füllung, zwei Sichtfenster zur Füllungskontrolle.

Sicherheitskupplungen: Federbelastete Doppelscheiben-Sicherheitskupplung gegen Überlastungen an Haspel, Einzugswalze, Überkehrschnecke, zahlreiche andere Sicherheitsvorrichtungen.

Motor: 4-Zylinder-Diesel, 72 PS

Getriebe: 3-Gang-Getriebe mit Einscheiben-Trockenkupplung, Geschwindigkeitsbereich 1,1 – 17,8 km/h, Rückwärtsgang: 1,9 – 5,8 km/h, Geschwindigkeit über den gesamten Bereich mit hydraulisch gesteuertem Regeltrieb stufenlos verstellbar.

Bremsen: Mechanische Handbremse, mechanische Fußbremse (auch als Einzelradbremse wirkend)

Bereifung: Vorn 13–26 AS, hinten 8,50–12 AM, auf Wunsch 15–26 AS in Verbindung mit 11,5–15 AM, Radstand 3200 mm.

Lenkung: Vollhydraulisch

Beleuchtung: Serienmäßig ausgerüstet mit Scheinwerfern, Begrenzungsleuchten, Rückstrahlern und Rückleuchten.

Maße:

	T	S
In Arbeitsstellung:	T	S
Länge mit langen Halmteilern	9,24 m	10,55 m
Breite, je nach Stellung der Außenabweiser ca.	4,20 m	ca. 4,20 m
Höhe	3,80 m	3,84 m
In Transportstellung:		
Länge	8,20 m	8,51 m
Breite	3,00 m	3,00 m
Höhe	3,32 m	3,84 m
Gewicht:	5190 kg	5600 kg

T = Ausrüstung mit 2,60 m Schnittbreite, Korntank, ohne Strohpresse
S = Ausrüstung mit 2,60 m Schnittbreite, Absackstand und Strohpresse

Auf Wunsch: Pickup-Trommel 2,05 m, Absackstand, Absackvorrichtung am Korntankauslaufrohr, Strohpresse, Strohverteiler, Strohhäcksler, Maisschneidwerk dreireihig, Maispflückvorsatz dreireihig, Pflückplattenmomentverstellung dreireihig, Sonnendach für Fahrerstand oder Absackstand, Zusatzscheinwerfer.

Technische Angaben, Maße und Gewichte sind unverbindlich. Konstruktionsänderungen vorbehalten.

CLAAS „Protector“ 1968 bis 1972

CLAAS-CORSAR

CLAAS „Corsar“ 1969 bis 1975

Fahren

Muß Mähdreschen eine „Knochenarbeit" sein? Wir meinen nicht. Darum ist der

Fahrerstand

des CLAAS-CORSAR mit Überlegung gestaltet. Schauen Sie sich die Abbildung daraufhin einmal an. Vom Fahrersitz aus haben Sie eine gute Sicht auf das Schneidwerk. So können Sie seine Arbeit gut verfolgen. Alle Bedienungselemente liegen in Griffnähe. Steuerventil, Kurbel für Haspelvariator, Hebel für Korbmomentverstellung ebenso wie die Hebel für Schneidwerk, Dreschwerk- und Korntankkupplung. Damit Sie alle bequem erreichen können. Die Überkehr kontrollieren Sie durch einen Blick nach rechts. Um das Maß der Bequemlichkeit voll zu machen: der CORSAR hat eine hydraulische Lenkhilfe. Das Lenken wird zum Kinderspiel. Ohne Kraftaufwand betätigen Sie die Lenkung. So werden Sie am CLAAS-CORSAR doppelt Freude haben. Er leistet viel und arbeitet sauber. Ihnen selbst wird das Mähdreschen so leicht wie möglich gemacht. Das werden Sie schon nach den ersten Runden mit dem CLAAS-CORSAR merken.

Der kraftvolle

Motor

ist auf der rechten Maschinenseite angebracht. Das hat seinen Grund. So ist die Gewichtsverteilung ausgezeichnet. (Überhaupt ist der CLAAS-CORSAR wie alle CLAAS-Mähdrescher ausgesprochen hangsicher.) 52 PS hat der Motor. Das ist viel. So viel, daß auch in schwierigen Situationen genügend Kraftreserven verbleiben. Sei es im Lagergetreide, am Hang oder auf schweren Böden, der CLAAS-CORSAR läßt Sie nicht im Stich.

Bedienen

1. Der Fahrerstand ist bequem erreichbar. Von ihm hat man eine ausgezeichnete Sicht auf das Schneidwerk.

2. Mit dem Steuerventil heben und senken Sie Schneidwerk und Pickup-Haspel und regeln die Vorfahrt. Alles stufenlos.

3. Hebel für Schneidwerk, Dreschwerk- und Korntankkupplung.

4. Hydraulische Lenkhilfe.

Technische Daten

Schneidwerk:
Schnittbreite 2,40 m, automatische Anpassung an Bodenunebenheiten, hydraulische Schnitthöhenverstellung von 6 bis 75 cm, serienmäßige Ausstattung mit Ährenhebern.

Halmteiler:
Serienmäßig 2 Stück, Innen- und Außenabweiser in großem Bereich verstellbar.

Haspel:
Pickup-Haspel mit gesteuerten Federzinken, hydraulisch verstellbar, stufenlose Drehzahlregulierung.

Dreschtrommel:
450 mm Durchmesser, 0,80 m breit, 6 Schlagleisten, Trommeldrehzahl durch Wechselräder von 950–1480 U/min. verstellbar (auf Wunsch 640–950 U/min.).

Entgrannung:
Neuartige Zwei-Stufen-Entgrannung, 1. Stufe verlängert den Korb um 3 Leisten, 2. Stufe erhöht die Reibung im Dreschkorb.
Beide Stufen sind leicht einschaltbar.

Dreschkorb:
10 Korbleisten (13 bei eingeschaltetem Entgranner), Steinfangmulde, Momentverstellung mit einem Hebel vom Fahrersitz aus.

Schüttler:
Dreiteilige Hordenschüttler, auf 2 Kurbelwellen gelagert, Schüttlerfläche 2,70 qm, Abscheidefläche 3,10 qm.

Reinigung:
Druckwindreinigung mit verstellbarem Lamellensieb und auswechselbarem Untersieb (4 Untersiebe serienmäßig mitgeliefert), Gesamtsiebfläche 1,56 qm.

Korntank:
Inhalt 1700 l, Verteilerschnecke zur vollständigen Füllung, zwei Sichtfenster zur Füllungskontrolle.

Sicherheitskupplungen:
Federbelastete Doppelscheiben-Sicherheitskupplung gegen Überbelastungen an Haspel, Einzugswalze und Überkehrschnecke, zahlreiche andere Sicherheitsvorrichtungen.

Motor:
Ford-Diesel, 52 PS, wassergekühlt, Perkins-Diesel, 52 PS, wassergekühlt, Deutz-Diesel, 52 PS, luftgekühlt.

Getriebe:
Dreigang-Getriebe (3 Vorwärtsgänge, 1 Rückwärtsgang) mit Einscheiben-Trockenkupplung, Geschwindigkeit innerhalb der einzelnen Gänge hydraulisch stufenlos regelbar.

Bremsen:
Mechanische Handbremse, mechanische Fußbremse als Scheibenbremse; auch als Einzelradbremse wirkend.

Bereifung:
Vorn 13–26 AS, hinten 8,50–12 AM, Radstand 2,90 m.

Lenkung:
hydraulische Lenkhilfe.

Beleuchtung:
Serienmäßig ausgerüstet mit Scheinwerfern, Begrenzungsleuchten, Blinkleuchten, Rückstrahlern und Rückleuchten.

Maße:
Ausrüstung mit Korntank ohne Strohpresse in Arbeitsstellung:

Länge mit langen Halmteilern	8,58 m
Breite, je nach Stellung der Außenabweiser	ca. 3,98 m
Höhe	2,95 m
in Transportstellung:	
Länge	7,26 m
Breite	2,78 m
Höhe	2,95 m

Gewicht: ca. 3560 kg

Auf Wunsch:
Pickup-Trommel 2,05 m, Absackvorrichtung am Korntankauslaufrohr, Strohpresse, Strohhäcksler, Maisschneidwerk zweireihig.

Technische Angaben, Maße und Gewichte sind unverbindlich.
Konstruktionsänderungen vorbehalten.

CLAAS-COMPACT 20
CLAAS-COMPACT 25

1

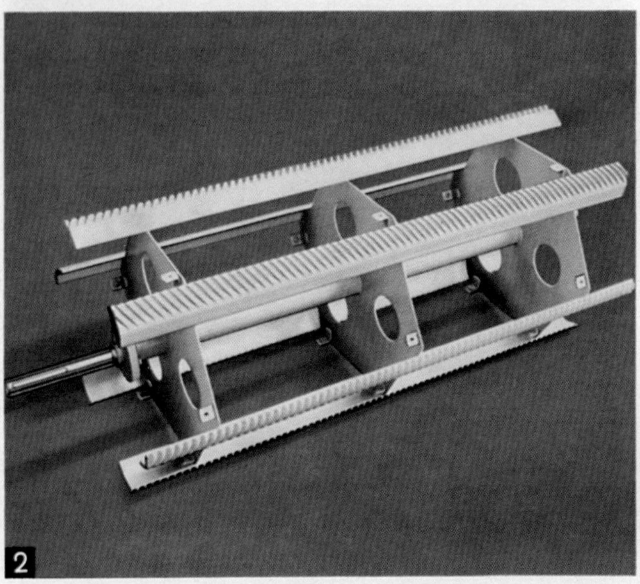

2

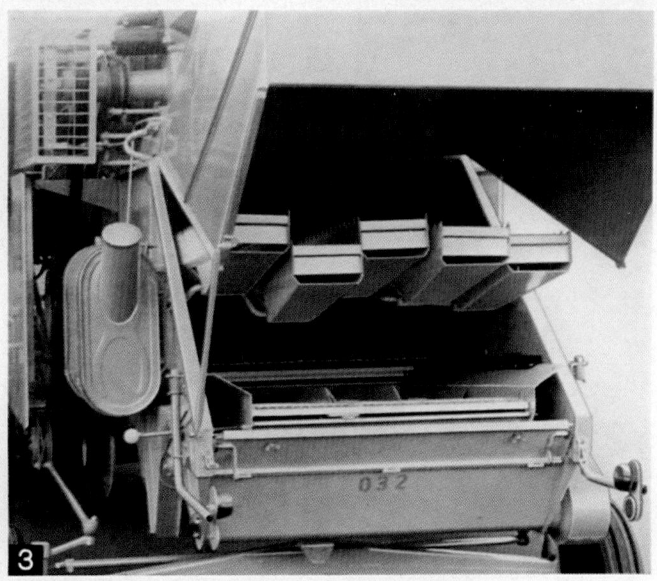

3

CLAAS-Selbstfahrer für den bäuerlichen Familienbetrieb

Als Besitzer eines bäuerlichen Familienbetriebes brauchen Sie heute bei der Mechanisierung der Getreideernte nicht mehr abseits zu stehen. Dafür haben wir gesorgt. Speziell für die bäuerlichen Familienbetriebe wurden die beiden Selbstfahrer CLAAS-COMPACT 20 und COMPACT 25 entwickelt. Sie sind genau auf die Erfordernisse dieser Betriebe zugeschnitten. Leistungsmäßig und preislich sind sie gut abgestuft. Jetzt kann sich auch der kleinere Familienbetrieb einen eigenen Selbstfahrer leisten. Einen Selbstfahrer, der im Bedienungskomfort den CLAAS-Großselbstfahrern gleichkommt. Jetzt braucht Ihnen die Getreideernte keine Sorge mehr zu machen. Sicher in die Zukunft – mit CLAAS sind Sie dabei. Serienmäßig sind CLAAS-COMPACT 20 und COMPACT 25 mit dem bewährten CLAAS-Lagerfruchtschneidwerk ausgerüstet (1). Die Schnittbreiten betragen 1,50 m bzw. 2,10 m. Mit diesem Schneidwerk mähen Sie auch schweres und lagerndes Getreide einwandfrei. Halmteiler und Ährenheber bekommen Sie serienmäßig mitgeliefert. Ohne Mehrpreis. Serienmäßig ist auch die hydraulische Höhenverstellung von Schneidwerk und Haspel. Die Dreschorgane (2) sind 0,58 m bzw. 0,96 m breit. Das Getreide wird in dünnem Schleier zugeführt. Darum sind Ausdrusch und Kornabscheidung im Korb erstklassig. Der Ausdrusch ist weich und schonend. Schwierig zu entgrannende Früchte? Einfach die Entgrannerklappen einschalten. Wenn Sie die Strohausfallhaube hochklappen, sind Schüttler und Siebkasten gut zugänglich (3). Das ist praktisch. Der CLAAS-COMPACT 20 hat 3 und der CLAAS-COMPACT 25 5 Hordenschüttler. Die Schüttlerfläche beträgt 1,39 m² bzw. 2,30 m². Auf dieser Fläche wird sauber ausgeschüttelt. Es bleibt kein Korn im Stroh. Rücklauftaschen leiten den Schüttlerabgang zum Siebkasten. So wird er auch bei Arbeit am Hang gleichmäßig beschickt.

Überhaupt sind CLAAS-COMPACT 20 und COMPACT 25 durch ihre tiefe Schwerpunktlage und gute Gewichtsverteilung ausgesprochen hangsicher. Der Siebkasten arbeitet gründlich. Und sauber. Sie wissen ja: Gründlichkeit ist bei CLAAS Trumpf. Darum können Sie mit der Reinigung zufrieden sein.

1

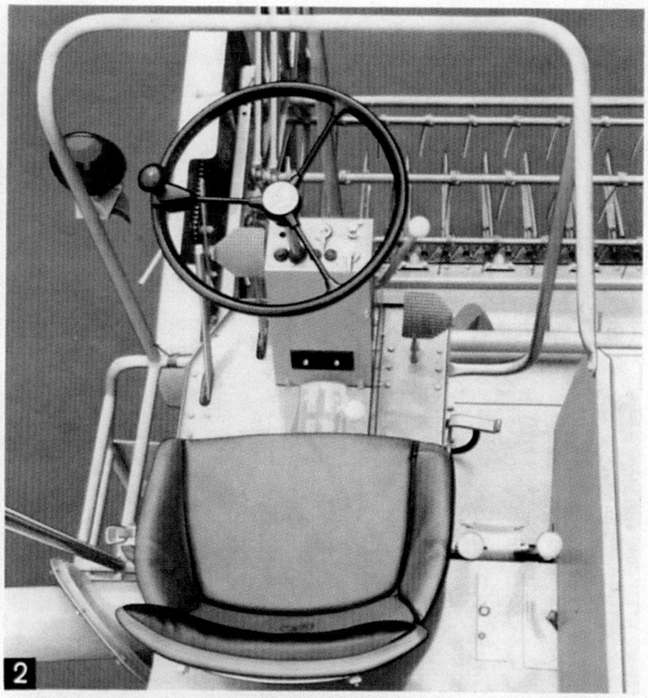
2

3

4

Kleine Selbstfahrer mit großer Leistung

Das sauber gereinigte Korn wird im Korntank gesammelt (1). Er faßt 700 l beim CLAAS-COMPACT 20 und 1100 l beim CLAAS-COMPACT 25. Serienmäßig ist der Korntank mit einem Deckel ausgerüstet. Das Abtanken geht schnell und leicht. Im Nu ist der Korntank entleert. Das Auslaufrohr läßt sich ohne Mühe in Arbeits- oder Transportstellung bringen. Das schaffen Sie mit einer Hand. Der Fahrerstand (2) wird sicher Ihr besonderes Interesse finden. Ist er auch bequem? Hat man eine gute Übersicht? Liegen die Bedienungshebel in erreichbarer Nähe? Darauf können Sie sich verlassen. Denn: auf den Fahrerstand verwenden unsere Konstrukteure immer besondere Mühe. Ganz gleich, ob beim Großmähdrescher oder beim kleinen Selbstfahrer, der Fahrerstand muß bequem sein. Nur so kann man die Leistungsfähigkeit eines Mähdreschers voll ausnutzen. Und ist auch nach stundenlangem Mähdrusch noch frisch. Vom Fahrerstand unserer Selbstfahrer haben Sie einen ausgezeichneten Blick auf das Schneidwerk. Alle Bedienungshebel liegen übersichtlich in Ihrer Nähe. Und Sie sitzen bequem.

Der Motor (3) ist auf dem Dach der Maschine angebracht. Dort liegt er weitgehend in der staubfreien Zone. Seine Leistung beträgt 24 PS beim CLAAS-COMPACT 20 und 34 PS beim CLAAS-COMPACT 25. Eingebaut wird der bewährte VW-Industriemotor. Seine Leistung ist so bemessen, daß auch in schwierigen Situationen noch ausreichende Kraftreserven vorhanden sind.

Die großvolumige Bereifung (4) ermöglicht sicheres und zügiges Fahren auch bei schlechteren Bodenverhältnissen. Die Bodenfreiheit ist so bemessen, daß man auch auf ausgefahrenen Feldwegen gut vorwärts kommt. CLAAS-COMPACT 20 und COMPACT 25 sind beide ausgesprochen wendig. Das erleichtert die Arbeit auf kleinen, engen Schlägen.

Wenn Sie sich den CLAAS-COMPACT 20 oder den COMPACT 25 jetzt bei Ihrer nächsten CLAAS-Vertriebsstelle ansehen (sicher werden Sie das bald tun), dann sollten Sie besonders auf die Qualität und die Verarbeitung der Maschinen achten. Für die Qualität tun wir bei CLAAS nämlich sehr viel. Unsere Qualitätsfertigung ist speziell darauf abgestellt, Korrosion an unseren Maschinen zu vermeiden. Das moderne Elektrophorese-Verfahren für die Tauchgrundierung, die Decklackierung der Einzelteile vor der Endmontage, die Verwendung verzinkt-chromatierter Kleinteile, das sind einige der Maßnahmen, mit denen wir dem Rost zu Leibe rücken. Den Erfolg sehen Sie auf den ersten Blick. Und wenn Sie sich den CLAAS-COMPACT 20 oder den COMPACT 25 einmal vorführen lassen, werden Sie feststellen: Wir haben nicht zuviel versprochen. Das wird Ihnen Ihre Entscheidung leicht machen. Für welche der beiden Maschinen Sie sich auch entscheiden, Sie sollten sie bald bestellen. Je eher Sie das tun, desto preiswerter erhalten Sie die Maschinen. Sie wissen ja, beim Frühkauf sparen Sie Geld.

Technische Daten CLAAS-COMPACT 20 und CLAAS-COMPACT 25

Schneidwerk: Schnittbreite 1,50 m bzw. 2,10 m, automatische Anpassung an Bodenunebenheiten, hydraulische Schnitthöhenverstellung von –8 bis 83 cm bzw. –8 bis 85 cm, serienmäßige Ausstattung mit Ährenhebern.

Halmteiler: Serienmäßig 2 Stück, Innen- und Außenabweiser in großem Bereich verstellbar.

Haspel: Pickup-Haspel mit gesteuerten Federzinken, hydraulisch höhenverstellbar, nach vorn und hinten stufenweise mechanisch verschiebbar.

Dreschtrommel: 450 mm Durchmesser, 0,58 m bzw. 0,96 m breit, Trommeldrehzahl durch Stufenscheiben 715 bis 1400 U/min verstellbar.

Dreschkorb: 9 Korbleisten, Steinfangmulde, Momentverstellung mit einem Hebel vom Fahrersitz aus.

Entgrannung: Entgrannerklappen.

Schüttler: dreiteiliger bzw. fünfteiliger Hordenschüttler auf 2 Kurbelwellen gelagert, Schüttlerfläche 1,39 m² bzw. 2,30 m².

Reinigung: Druckwindreinigung mit verstellbarem Lamellensieb und auswechselbarem Untersieb (4 Untersiebe serienmäßig mitgeliefert), Gesamtsiebfläche 1,13 m² bzw. 1,60 m².

Korntank: Inhalt 700 l bzw. 1100 l, Verteilerschnecke zur vollständigen Füllung.

Sicherheitskupplungen: Federbelastete Doppelscheiben-Sicherheitskupplung gegen Überlastung der Haspel, zahlreiche andere Sicherheitsvorrichtungen.

Motor: VW-Industriemotor 24 PS bzw. 34 PS, luftgekühlt.

Getriebe: Dreigang-Getriebe (3 Vorwärtsgänge, 1 Rückwärtsgang), Geschwindigkeit innerhalb der einzelnen Gänge mechanisch stufenlos regelbar.

Bremsen: mechanische Handbremse, mechanische Fußbremse als Scheibenbremse.

Bereifung: vorn 10–15, hinten 6.00–6 bzw. vorn 11,5–15, hinten 7–10, Radstand 2,25 m.

Beleuchtung: Serienmäßig ausgerüstet mit Scheinwerfern, Begrenzungsleuchten, Blinkleuchten, Rückstrahlern, Rückleuchten und Warnblinkanlage.

Maße:

	CLAAS-COMPACT 20	**CLAAS-COMPACT 25**
	Arbeitsstellung	**Arbeitsstellung**
Länge	6,40 m	6,40 m
Breite	3,08 m	3,58 m
Höhe	2,67 m	2,70 m
	Transportstellung	**Transportstellung**
Länge	5,74 m	5,74 m
Breite	2,08 m	2,58 m
Höhe	2,67 m	2,70 m
Gewicht:	1665 kg	2000 kg

Technische Angaben, Maße und Gewichte sind unverbindlich. Konstruktionsänderungen vorbehalten.

GEBR. CLAAS - MASCHINENFABRIK GMBH - 4834 HARSEWINKEL

CLAAS-DOMINATOR 80

CLAAS „Dominator 80“ 1970 bis 1974

Über das CLAAS-Schneidwerk haben wir Ihnen schon einiges gesagt. Wie gut es in Lagergetreide ist. Hier haben Sie den Beweis. Sie sehen, sicher bewältigt der CLAAS-DOMINATOR 80 auch Felder dieser Art. Da bleibt nichts liegen. Das wird Ihre Entscheidung für den CLAAS-DOMINATOR 80 erleichtern. Aber nicht nur das. Sicher haben Sie schon einiges über die Qualitätsfertigung bei CLAAS gehört. Sie ist speziell darauf abgestellt, die Korrosion an unseren Maschinen zu vermeiden. Das moderne Elektrophorese-Verfahren für die Tauchgrundierung, Decklackerung aller Teile vor der Endmontage, verzinkt-chromatierte Kleinteile, das sind einige der Maßnahmen, mit denen wir dem Rost zu Leibe gehen. Den Erfolg sehen Sie auf den ersten Blick.
Sehen Sie sich den CLAAS-DOMINATOR 80 also bei Ihrer CLAAS-Vertriebsstelle einmal an. Prüfen Sie Qualität und Verarbeitung. Sie werden sehen, Sie bekommen „viel Mähdrescher" für Ihr Geld. Sicher werden Sie nicht zögern, ihn zu bestellen. Und je eher Sie ihn bestellen, desto billiger ist er für Sie. Sie wissen ja, beim Frühkauf sparen Sie Geld.

Technische Daten

Schneidwerk: Schnittbreite 4,50 m, automatische Anpassung an Bodenunebenheiten, hydraulische Schnitthöhenverstellung von –20 bis +140 cm, serienmäßige Ausstattung mit Ährenhebern, Schnitthöhenanzeiger und Schneidwerk-Schnellkupplung.
Halmteiler: Dreiteilig, verstellbar, beweglich angebracht (Anpassung an Bodenunebenheiten), wahlweise in kurzer oder langer Ausführung, serienmäßig 2 Stück.
Haspel: Gesteuerte Pickup-Haspel mit Federzinken, hydraulisch höhenverstellbar, stufenlose Drehzahlregulierung, nach vorne und hinten stufenweise mechanisch verschiebbar.
Dreschtrommel: 450 mm Durchmesser, 1,32 m breit, 6 Schlagleisten, Trommeldrehzahl hydraulisch stufenlos zu regulieren von 460 - 1500 Umdrehungen pro Minute, Drehzahl am Tourenzähler ablesbar.
Entgrannung: Zwei-Stufen-Entgrannung, 1. Stufe verlängert den Korb um 3 Leisten, 2. Stufe erhöht die Reibung im Dreschkorb. Beide Stufen sind leicht einschaltbar.
Dreschkorb: 10 Korbleisten (13 bei eingeschaltetem Entgranner), Steinfangmulde, Momentverstellung mit einem Hebel vom Fahrersitz aus.
Schüttler: Fünfteiliger Hordenschüttler, auf 2 Kurbelwellen gelagert, Schüttlerfläche 5,15 qm, Abscheidefläche 5,95 qm.
Reinigung: Hochleistungssiebkasten mit Zweistufen-Druckwindreinigung, Gesamtsiebfläche 3,30 qm.
Korntank: Inhalt 3400 l.
Sicherheitskupplungen: Federbelastete Doppelscheiben-Sicherheitskupplung gegen Überlastungen an Haspel, Einzugswalze, Wendetrommel und Überkehrschnecke, zahlreiche andere Sicherheitsvorrichtungen.
Motor: 6-Zylinder-Diesel, 120 PS, wassergekühlt.
Bremsen: Mechanische Handbremse, hydraulische Fußbremse (auch als Einzelradbremse wirkend).
Bereifung: vorn 18,4/15-30 AS, hinten 12,5-18 AM,
Spurweite: vorn 2,43 m, hinten 2,05 m,
Radstand 3,34 m, hydrostatische Lenkung.
Beleuchtung: Serienmäßig ausgerüstet mit Scheinwerfern, Begrenzungsleuchten, Blinkleuchten, Warnblinkanlage, Rückspiegeln, Rückstrahlern und Rückleuchten.

Maße:		**In Arbeitsstellung**
Länge	9,50 m	(mit langen Halmteilern)
Breite ca.	6,03 m	(je nach Stellung der Außenabweiser)
Höhe	3,48 m	
		Beim Transport
Länge	7,00 m	(bei abgebauter Schneidwerksmulde)
Breite ca.	3,00 m	(bei abgebauter Schneidwerksmulde)
Höhe	3,48 m	

Gewicht: ca. 6210 kg.
Wahlausrüstungen: Schneidwerk 3,90 m, Schneidwerk 5,10 m, hydrostatischer Fahrantrieb, Strohhäcksler, Federzinken-Pickup-Trommel, vierreihiger Maispflückvorsatz, Fahrerkabine, Transportwagen für Getreideschneidwerk, Transportwagen für Getreideschneidwerk und vierreihigen Maispflückvorsatz, Triebachsbereifung 23,1/18-26 AS

Technische Angaben, Maße und Gewichte sind unverbindlich.
Konstruktionsänderungen vorbehalten.

GEBR. CLAAS - MASCHINENFABRIK GMBH - 4834 HARSEWINKEL

EEE. B. IA (Vo) 50

CLAAS „Dominator 80" 1970 bis 1974

CLAAS „Dominator 76“ 1978 bis 1985

Nehmen Sie Platz

Sie sehen es auf den ersten Blick. Diese **„Kommandobrücke“** ist vorbildlich. Alle Hebel und Pedale sind optimal angeordnet.

Die Folge ist ein spontanes Gefühl der Vertrautheit, das zum sicheren Beherrschen der Maschine führt.

Vielseitige Einsatzmöglichkeiten

1

CLAAS-Mähdrescher haben Weltgeltung erlangt. Ihr Leistungsniveau, ihre Robustheit und Ausdauer sind imponierend. Sie erzielen Spitzenergebnisse nicht nur bei idealen Einsatzverhältnissen, auch unter widrigen Erntebedingungen arbeiten sie optimal.

Nicht zu Unrecht werden sie „Allesdrescher" genannt. Ebenso problemlos wie heimisches Getreide – Weizen, Roggen, Gerste, Hafer – ernten sie auch andere dreschbare Feldfrüchte, zum Beispiel den mittlerweile weit verbreiteten Mais (1). Schnell ist der CLAAS-Mähdrescher darauf umgestellt: Große Fangtaschen und Schnellverschlüsse vereinfachen den Austausch des Getreide-Schneidwerks gegen einen mehrreihigen Pflückvorsatz. Die Dreschorgane lassen sich ebenso ohne Schwierigkeiten auswechseln – ob nun für Körnermais oder für Corn-Cob-Mix (kurz CCM), das energiereiche Maisspindelgemisch. Der CLAAS-Lenkautomat entlastet darüber hinaus den Maschinenführer von der Steuerung des Mähdreschers.

Der Rapsanbau gewinnt ebenfalls von Jahr zu Jahr größere Bedeutung. Im verlustarmen Rapsstengeldrusch arbeiten CLAAS-Mähdrescher mit einem besonderen Rapsschneidwerk (3) oder mit einem entsprechenden Vorsatz zum Schneidwerk.

Eine weitere Sonderausrüstung für CLAAS-Mähdrescher ist das Schneidwerk mit flexiblem Mähbalken (5).

2

Damit werden Sojabohnen und Fruchtarten mit tief angesetztem Fruchtstand wie zum Beispiel Erbsen geerntet.

Zur Ernte von Sonnenblumen gibt es ein eigens entwickeltes Sonnenblumenschneidwerk.

In den Reisanbaugebieten der Erde fahren CLAAS-Mähdrescher mit Stiftdrescheinrichtung und Raupenfahrwerk ausgerüstet die Ernte ein (4).

Das CLAAS-Mähdrescher-Programm bietet außerdem Zubehör für Gras- (2) und Kleesamendrusch sowie Spezialausrüstungen für so exotische Feldfrüchte wie Hirse (Durra, Sorghum, Milo) und Sesam.

3

4

5

Technische Daten

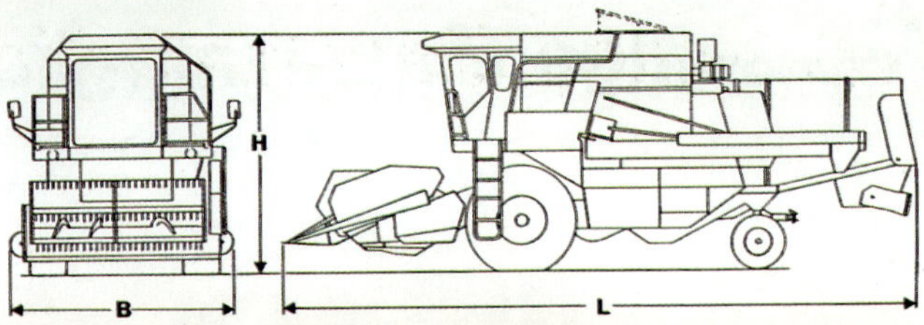

CLAAS-DOMINATOR 76

Schneidwerk:

Schnittbreite	3,60 m
Schnitthöhenverstellung	hydraulisch von −360 bis max. +1285 mm
Bodenanpassung	automatisch mit 2 Spiralfedern, mit Anzeige
Halmteiler	2, verstellbar
Ährenheber	12
Mähmesser	2
Federzinkenhaspel	6teilig, 14 bis 55 U/min, vom Fahrersitz aus verstellbar
Abstand Fingerspitzen bis Einzugswalzenkörper	620 mm
Schrägförderer	3 Ketten mit aufgeschraubten Förderleisten

Schnellverschluß, Sofortstoppeinrichtung für Schneidwerk

Dreschorgane:

Steinfangmulde	nach vorn zu entleeren
Trommelbreite	1060 mm
Trommeldurchmesser	450 mm
Trommeldrehzahlbereich	hydr. stufenlos von 650–1500 U/min elektronische Drehzahlanzeige
Anzahl der Schlagleisten	6
Trommelböden	5
Korbleisten	12
Umschlingungswinkel	117°
Korbverstellung	2 Hebel (1. Hebel Ein- und Ausgang zusammen; 2. Hebel nur Ausgang)
Entgrannung	2 Stufen, von außen schaltbar
Wendetrommel	sternförmig, konstante Drehzahl

Schüttler:

Schüttlerhorden/Stufen	4/4
Schüttlermaße	1060 x 4400 mm
Schüttlerfläche	4,65 m²
Abscheidefläche	5,30 m²
Intensivschüttler	2 Rafferwellen
zusätzlich aufgelockerte Fläche	1,20 m²
wirksame Abscheidefläche	6,50 m²
Schüttlerrücklauf	unabhängiger Rücklaufboden

Reinigung und Kornbergung:

Druckwindgebläse	Tonnengebläse
Windmenge	über Regeltrieb stufenlos verstellbar
Windrichtung	von außen schaltbar
Vorbereitungsboden	1teilig, durchgehend, mit Hangstegen
Obersiebe	langlippiges Lamellensieb
Untersiebe	kurzlippiges Lamellensieb
Gesamtsiebfläche	3,40 m²
Überkehrrücklauf	zur Dreschtrommel
Korntankinhalt	4200 l (ca. 3,5 t Weizen)
Korntankauslaufrohr	hydraulisch schwenkbar

Antrieb und Fahrwerk:

Motor		6-Zylinder-Diesel 88 kW (120 PS) – wassergekühlt
Kraftstofftank		200 l
Fahrantrieb		mechanisch – 3 Vorwärtsgänge
Bremsen		hydraulische Fußbremse, auch als Einzelradbremse wirkend mechanische Feststellbremse
Bereifung	vorn	18,4-30 10 PR R 1
	hinten	11,5/80-15 6 PR I 5
Spurweite	vorn	2436 mm
	hinten	1400 mm
Radstand		3650 mm
Lenkung		hydrostatisch

Fahrerstand:
Mehrfach verstellbarer Fahrersessel, verstellbare Lenksäule mit Zentralinformator.

Sicherheitseinrichtungen:
Federbelastete Rutschkupplungen für Haspel, Einzugswalze und obere Schrägfördererwelle.
Funktionsüberwachung von Handbremse, Luftfilter und Motoröldruck im Zentralinformator.

Gesetzmäßige Ausrüstung:
Feuerlöscher, Beleuchtung und Warnblinkanlage laut StVZO; Ausrüstung gemäß GTA.

Maße und Gewichte:

Höhe (H)	3710 mm
Länge ohne Schneidwerk	7700 mm
mit Schneidwerk 3,60 m (L)	10540 mm
Breite ohne Schneidwerk	3000 mm
mit Schneidwerk 3,60 m (B)	3990 mm
Gewicht mit Schneidwerk 3,60 m	ca. 7610 kg

Auf Wunsch lieferbare Sonderausrüstungen:
Schneidwerke 3,00 m, 3,90 m, 4,50 m
Schnitthöhenautomatik
Hydraulische Haspel-Horizontalverstellung (ab 3,60 m)
Reversiereinrichtung für Schneidwerk und Einzugskanal
Einheitskorb
Plansiebe in verschiedenen Lochungen
Zubehör für Gras- und Kleesamendrusch
Bereifung vorn 18,4-34 12 PR R 1 oder 23,1-26 12 PR R 1
Bereifung hinten 12,5/80-18 6 PR I 5
verstellbare Lenkachse 2,30 m, 2,50 m, 2,70 m
automatische Staub-Absauganlage für den Luftfilter
Kabine mit Lüftung und Filter
Kabine mit Kompressorkühlanlage
Heizung für Kabine
Funktionswächter durch Kontrollampen im Zentralinformator für folgende Funktionen:
Einzugskanal, Intensivschüttler, Kornelevator, Überkehrelevator, Strohhäcksler
elektronische Durchsatzkontrolle mit Anzeigegerät und Kontrollsensoren an Schüttlern und Siebkasten
Strohhäcksler
Strohverteiler
4- und 5reihige Maispflückvorsätze
Häcksler zum 4reihigen Maispflückvorsatz
CLAAS-Lenkautomat für Maispflückvorsätze mit Abschaltsicherung
Transportwagen für Getreideschneidwerke

Weitere Sonderausrüstungen siehe Preisliste.

Technische Angaben, Maße und Gewichte sind unverbindlich. Konstruktionsänderungen vorbehalten.

CLAAS „Dominator 76“ 1978 bis 1985

CLAAS „Dominator 78–108 S/SL“ 1986 bis 1995

Einstellung für Untersieb

elektrische Drehzahleinstellung

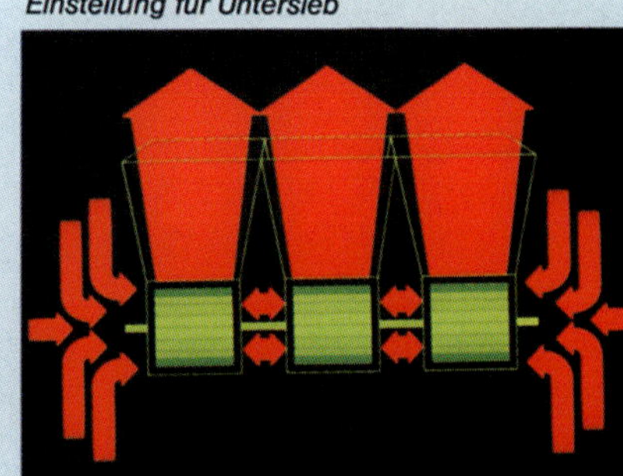

Hochleistungs-Turbinengebläse

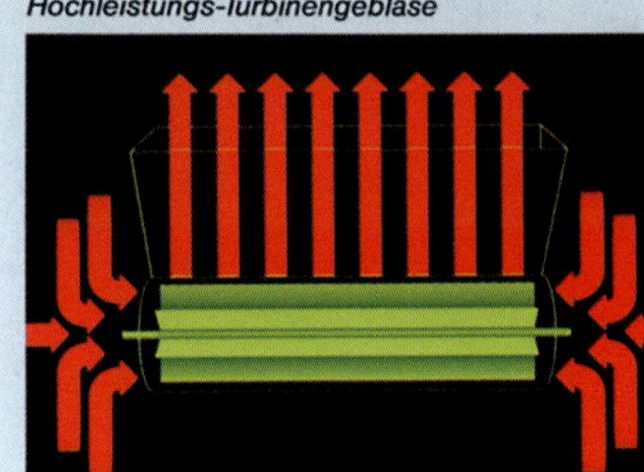

Tonnengebläse

Im Korntank sauberes Erntegut – sonst nichts

Das Erntegut gelangt zusammen mit Spreu und Kurzstroh auf den langen *Vorbereitungsboden.* Am Ende des Vorbereitungsbodens befindet sich ein Drahtrechen. Die Körner fallen hier direkt auf das großdimensionierte Obersieb, während Spreu und Kurzstroh vom Wind erfaßt und nach hinten geblasen werden.

Der Wind wird von einem sechsteiligen *Hochleistungsgebläse* (DOMINATOR 108) bzw. einem Radialgebläse (DOMINATOR 98, 88 und 78) erzeugt. In beiden Fällen ist die Verteilung des Windes über die gesamte Siebfläche vollkommen gleichmäßig. Die Windmenge wird über die *Drehzahlveränderung* des Gebläses den Erntebedingungen angepaßt. Als Zusatzausrüstung kann eine elektrische Drehzahleinstellung des Gebläses (Serienausstattung DOMINATOR 108 SL) angebaut werden. Damit ist die Änderung der Gebläsedrehzahl vom Fahrersitz aus möglich. Zusätzlich zur Windmenge kann die *Windrichtung* durch Leitbleche den Erntebedingungen angepaßt werden.

Die *Lamellensiebe* lassen sich von hinten einfach einstellen. Besondere Markierungen zeigen die Einstellung der Untersiebe an. Der hintere Bereich des Obersiebes dient als *Überkehrsieb* und kann unabhängig von dem vorderen eingestellt werden. Ein *Arbeitsscheinwerfer* (Zusatzausrüstung) unter der Strohhaube beleuchtet die Siebe, so ist die Einstellung auch bei Dunkelheit gut möglich. Die *Überkehr* gelangt über einen Elevator zurück zur Dreschtrommel, da Ähren nur hier vollständig ausgedroschen werden können. Der Fahrer kann Menge und Zusammensetzung der Überkehr vom Fahrerstand aus kontrollieren. Nach Öffnen der Kontrollöffnung wird der Sichtbereich beleuchtet.

Die *Lagerung* des gesamten Siebkastens ruht auf verschleißfesten, außerhalb angebrachten, wartungsfreien Gummi-Metall-Lagern. Diese dämpfen die Schwingbewegungen des Siebkastens ab. Durch die gegenläufige Bewegung von Siebkasten, Rücklaufboden des Schüttlers und Vorbereitungsboden wird ein *Massenausgleich* erreicht, und es ergibt sich ein ruhiger Lauf.

Das saubere Erntegut gelangt über einen Elevator nach oben, und eine Zentralbefüllschnecke fördert es in den *Korntank.* Die Füllhöhe wird dem Fahrer bei 3/4 vollem Korntank und bei vollständig gefülltem Korntank im Erntefunktionsinformator elektrisch signalisiert. Das *Korntank-Auslaufrohr* läßt sich hydraulisch schwenken. Dabei ist in jeder Position eine geschlossene, korndichte Verbindung zwischen Korntank und Auslaufrohr gegeben. Das ausgeschwenkte Auslaufrohr wird dem Fahrer in der Kabine angezeigt. Ab Mähdrescher DOMINATOR 88 kann der Korntank in jeder Stellung des Korntank-Auslaufrohres entleert werden.

Technische Daten

	DOMINATOR 108 SL	DOMINATOR 98 S/SL	DOMINATOR 88 S/SL
Schneidwerk:			
Schnittbreite	4,50 m	4,50 m	3,90 m
Schnitthöhenverstellung	hydraulisch – 360 bis + 1300 mm	hydraulisch – 360 bis + 1300 mm	hydraulisch – 360 bis + 13C
CLAAS-Contour-System	Serie	Serie	Serie
Schnitthöhenautomatik und Auflagedruckregelung	Serie	auf Wunsch	auf Wunsch
Halmteiler/Ährenheber	2/15	2/15	2/13
Mähmesser	2	2	2
Federzinkenhaspel	alle vier Modelle: 6teilig, hydraulische Höheneinstellung, elektrische Drehzahleinstellung 14-55/min		
hydr. Horizontaleinstellung	Serie	auf Wunsch	auf Wunsch
Abstand Fingerspitzen bis Einzugsschneckenkörper	620 mm	620 mm	620 mm
Schrägförderer	4 Ketten mit aufgeschraubten Förderleisten (U-Profil)	3 Ketten mit aufgeschraubten Förderleisten (U-Profil)	3 Ketten mit aufgeschraubte Förderleisten (U-Profil)
Schneidwerksanbau	alle vier Modelle: Schnellverschluß, Sofortstopeinrichtung: DOMINATOR 108 SL auch elektrische Reversiereinrichtung		
Schneidwerkskupplung	Niederdruckhydraulik	mechanisch	mechanisch
Dreschorgane:			
Steinfangmulde	alle vier Modelle: einfach nach vorne zu entleeren		
Trommelbreite	1,58 m	1,32 m	1,32 m
Trommeldurchmesser	450 mm	450 mm	450 mm
Trommeldrehzahl	alle vier Modelle: hydraulisch von 650 bis 1500/min einzustellen		
Trommelböden/Schlagleisten	7/6	6/6	6/6
Umschlingungswinkel	117°	117°	117°
Korbverstellung	alle vier Modelle: 1 Hebel (Eingang u. Ausgang synchron), zusätzlich 1 Hebel (nur Ausgang)		
Entgrannung	alle vier Modelle: 2 Stufen von außen schaltbar		
Dreschwerkskupplung	Niederdruckhydraulik	mechanisch	mechanisch
Schüttler:			
Schüttlerhorden/Fallstufen	6/4	5/4	5/4
Schüttlerfläche	7,00 m^2	5,80 m^2	5,15 m^2
Abscheidefläche	7,95 m^2	6,60 m^2	5,95 m^2
Intensivschüttler	alle vier Modelle: 2 Rafferwellen, zusätzliche Auflockerung des Strohs		
wirksame Schüttlerfläche	9,75 m^2	8,10 m^2	7,45 m^2
Reinigung und Kornbergung:			
Druckwindgebläse	6teiliges Hochleistungsgebläse	Tonnengebläse	Tonnengebläse
Windmenge	elektrisch einstellbar	stufenlos einstellbar	stufenlos einstellbar
Windrichtung	alle vier Modelle: von außen einstellbar		
Ober/Untersiebe	Lamellensiebe	Lamellensiebe	Lamellensiebe
Gesamtsiebfläche	5,10 m^2	4,25 m^2	4,25 m^2
Überkehrrücklauf	alle vier Modelle: Rückführung der Überkehr zur Dreschtrommel		
Korntankinhalt	6.500 l (ca. 5,2 t Weizen)	5.200 l (ca. 4,2 t Weizen)	4.600 l (ca. 3,7 t Weizen)
Korntankauslaufrohr	hydraulisch schwenkbar in jeder Position einschaltbar	hydraulisch schwenkbar in jeder Position einschaltbar	hydraulisch schwenkbar in jeder Position einschaltba
Korntank-Entleerungskupplung	Niederdruckhydraulik	mechanisch	mechanisch
Antrieb und Fahrwerk:			
Motor	6-Zyl.-Diesel 163 kW (221 PS)	6-Zyl.-Diesel 98 SL 125 kW (170 PS) 98 SL 110 kW (150 PS) 98 S 110 kW (150 PS)	6-Zyl.-Diesel 88 SL 110 kW (150 PS) 88 S 110 kW (150 PS) 88 S 88 kW (120 PS)
Kraftstofftank	400 l	300 l	300 l
Fahrantrieb	hydrostatisch	SL-hydrostatisch, S-mechanisch	SL-hydrostatisch, S-mechan
Bremsen	alle vier Modelle: hydraul. Fußbremse auch als Einzelradbremse wirkend, mechan. Feststellbremse		
Bereifung vorn	18.4 R 34	23.1-26 14 PR	18.4-30 12 PR
hinten	14.5-20 MPT 8PR	12.5/80-18 6 PR	12.5/80-18 6 PR
Spurweite vorn	2,55 m	2,45 m	2,52 m
hinten	2,30/2,50/2,70 m	2,05 m	2,05 m
Lenkung	alle vier Modelle: hydrostatisch		
Fahrerstand	alle vier Modelle: komfortable Vollsicht-Kabine mit Lüfter und Filter, mehrfach verstellbarer Fahrersessel, verstellbare Lenksäule mit Fahrinformator, Zentralelektrik, Funktionsinformator mit optischem und akustische Signal, Betriebsstundenzähler		
Sicherheitseinrichtungen	alle vier Modelle: federbelastete Rutschkupplung für Haspel, Einzugsschnecke und obere Schrägfördererwe Funktionskontrolle von Drehzahlen: Schrägförderer, Intensivschüttler, Kornelevator, Überkehrelevator, Strohhäcksler sowie Funktion von Handbremse, Luftfilter und Motoröldruck, Beleuchtung und Warnblinkanla laut StVZO, Sicherheitseinrichtungen gem. GTA.		
Maße und Gewichte:			
Höhe	3,76 m	3,72 m	3,71 m
Länge ohne Schneidwerk	7,77 m	7,77 m	7,32 m
mit Schneidwerk	10,54 m	10,54 m	10,00 m
Breite ohne Schneidwerk (Transportbreite)	3,00 m	3,00 m	2,97 m
Gewicht mit Schneidwerk u. Kabine	ca. 10860 kg	ca. 9610 kg	ca. 9130 kg

INATOR 78 S

m
aulisch - 360 bis + 1285 mm
e

Vunsch

Vunsch

mm
tten mit aufgeschraubten
erleisten (U-Profil)

hanisch

m
mm

hanisch

m2
m2

m2

engebläse
nlos einstellbar

ellensiebe
m2

0 l (ca. 3,5 t Weizen)
aulisch schwenkbar

hanisch

l.-Diesel
W (120 PS)

l
hanisch

-30 10 PR
/80-15.3 6 PR
m
m

m
m
m
m
3490 kg

Auf Wunsch lieferbare Sonderausrüstungen:

DOMINATOR 108 SL

Schneidwerke 3,90 m / 5,10 m / 6,00 m
Schneidwerke mit Multifingerschnecke
Strohhäcksler
CLAAS-4-trac-System, angetriebene Lenkachse mit
Bereifung hinten LP 500-22.5 8 PR
Bereifung vorn 23.1-26 14 PR
Bereifung vorn 28.1-26 16 PR
CLAAS-Bordinformator zur Betriebsdaten-erfassung
Staubabsaugung für Luftfilter
Motorwächter
6 Arbeitsscheinwerfer
CLAAS-3-D-Reinigung, dynamischer Hangaus-gleich für die Reinigung
Kompressor-Kühlanlage für Vollsicht-Kabine
Heizung für Vollsicht-Kabine
Maispflücker
Transportwagen für Schneidwerke bzw. Maispflücker

DOMINATOR 98 S/SL

Schneidwerke 3,60 m / 3,90 m / 5,10 m
Schneidwerke mit Multifingerschnecke
hydraulische Haspelhorizontalverstellung
Reversiereinrichtung für Schneidwerk und Schrägförderer
CLAAS-Contour-System, Auflagedruckregelung für Schneidwerk
Strohleiteinrichtung für Intensivschüttler (S-Modelle)
Strohhäcksler
CLAAS-4-trac-System, angetriebene Lenkachse mit Bereifung LP 500-22.5 8 PR (nur SL)
Bereifung vorn 18.4 R 34
Bereifung vorn 23.1-26 14 PR
Bereifung hinten 12.5/80-18 10 PR
CLAAS-Bordinformator zur Betriebsdaten-erfassung
Staubabsaugung für Luftfilter
6 Arbeitsscheinwerfer
CLAAS-3-D-Reinigung, dynamischer Hangaus-gleich für die Reinigung
Gebläsedrehzahleinstellung elektrisch
Kompressor-Kühlanlage für Vollsicht-Kabine
Heizung für Vollsicht-Kabine
Maispflücker
Transportwagen für Getreideschneidwerke bzw. Maispflücker

DOMINATOR 88 S/SL

Schneidwerke 3,60 m / 4,50 m / 5,10 m
Schneidwerke mit Multifingerschnecke
hydraulische Haspelhorizontalverstellung
Reversiereinrichtung für Schneidwerk und Schrägförderer
CLAAS-Contour-System, Auflagedruckregelung für Schneidwerk
Strohleiteinrichtung für Intensivschüttler (S-Modelle)
Strohhäcksler
CLAAS-4-trac-System, angetriebene Lenkachse mit Bereifung LP 500-22.5 8 PR (nur SL)
Bereifung vorn 18.4 R 34
Bereifung vorn 23.1-26 14 PR
Bereifung hinten 14.5-20 MPT 8 PR
Bereifung hinten 12.5/80-18 10 PR
CLAAS-Bordinformator zur Betriebsdaten-erfassug
Staubabsaugung für Luftfilter
6 Arbeitsscheinwerfer
CLAAS-3-D-Reinigung, dynamischer Hangaus-gleich für die Reinigung
Durchsatzkontrolle für Schüttler und Reinigung
Gebläsedrehzahleinstellung elektrisch
Kompressor-Kühlanlage für Vollsicht-Kabine
Heizung für Vollsicht-Kabine
Maispflücker
Transportwagen für Getreideschneidwerke bzw. Maispflücker

DOMINATOR 78 S

Schneidwerke 3,00 m / 3,90 m
Schneidwerke mit Multifingerschnecke
hydraulische Haspelhorizontalverstellung
Reversiereinrichtung für Schneidwerk und Schrägförderer
CLAAS-Contour-System Auflagedruckregelung für Schneidwerke
Strohleiteinrichtung
Strohhäcksler
Bereifung vorn 18.4-30 12 PR
Bereifung vorn 23.1-26 12 PR
Bereifung hinten 12.5/80-18 6 PR
Bereifung hinten 11.5/80-15.3 8 PR
CLAAS-Bordinformator zur Betriebsdaten-erfassung
Staubabsaugung für Luftfilter
Durchsatzkontrolle für Schüttler und Reinigung
Gebläsedrehzahleinstellung elektrisch
6 Arbeitsscheinwerfer
CLAAS-3-D-Reinigung, dynamischer Hangaus-gleich für die Reinigung
Kompressor-Kühlanlage für Vollsicht-Kabine
Heizung für Vollsicht-Kabine
Maispflücker
Transportwagen für Getreideschneidwerke bzw. Maispflücker

Konstruktionsänderungen vorbehalten. Technische Angaben, Maße und Gewichte sind unverbindlich. Beschreibungen und Abbildungen können auch nicht zum serienmäßigen Umfang gehörende Sonderausstattungen enthalten.

23

CLAAS „Dominator Maxi“ 1989 bis 1995

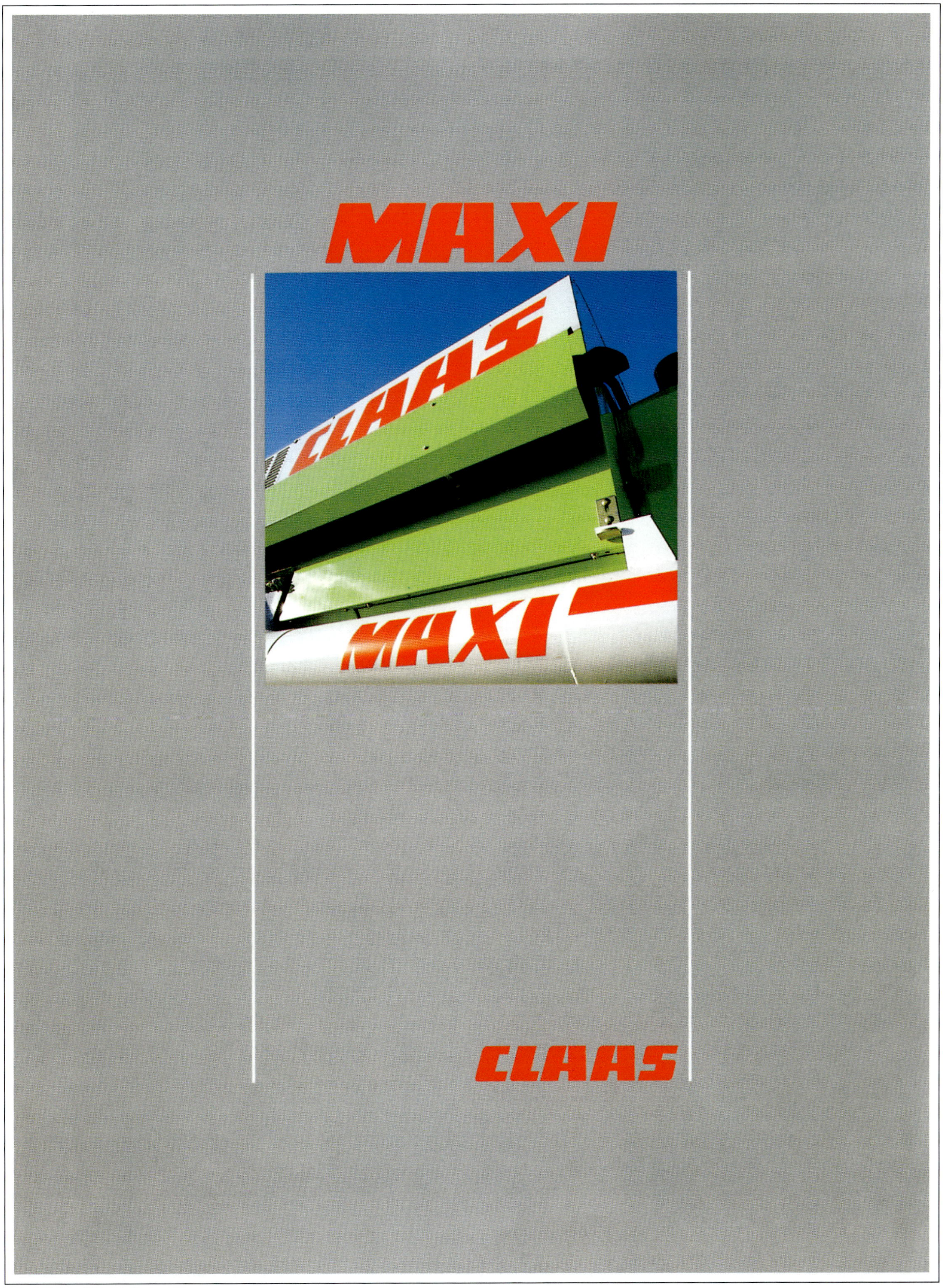

CLAAS „Dominator Maxi“ 1989 bis 1995

Technik für Profis.

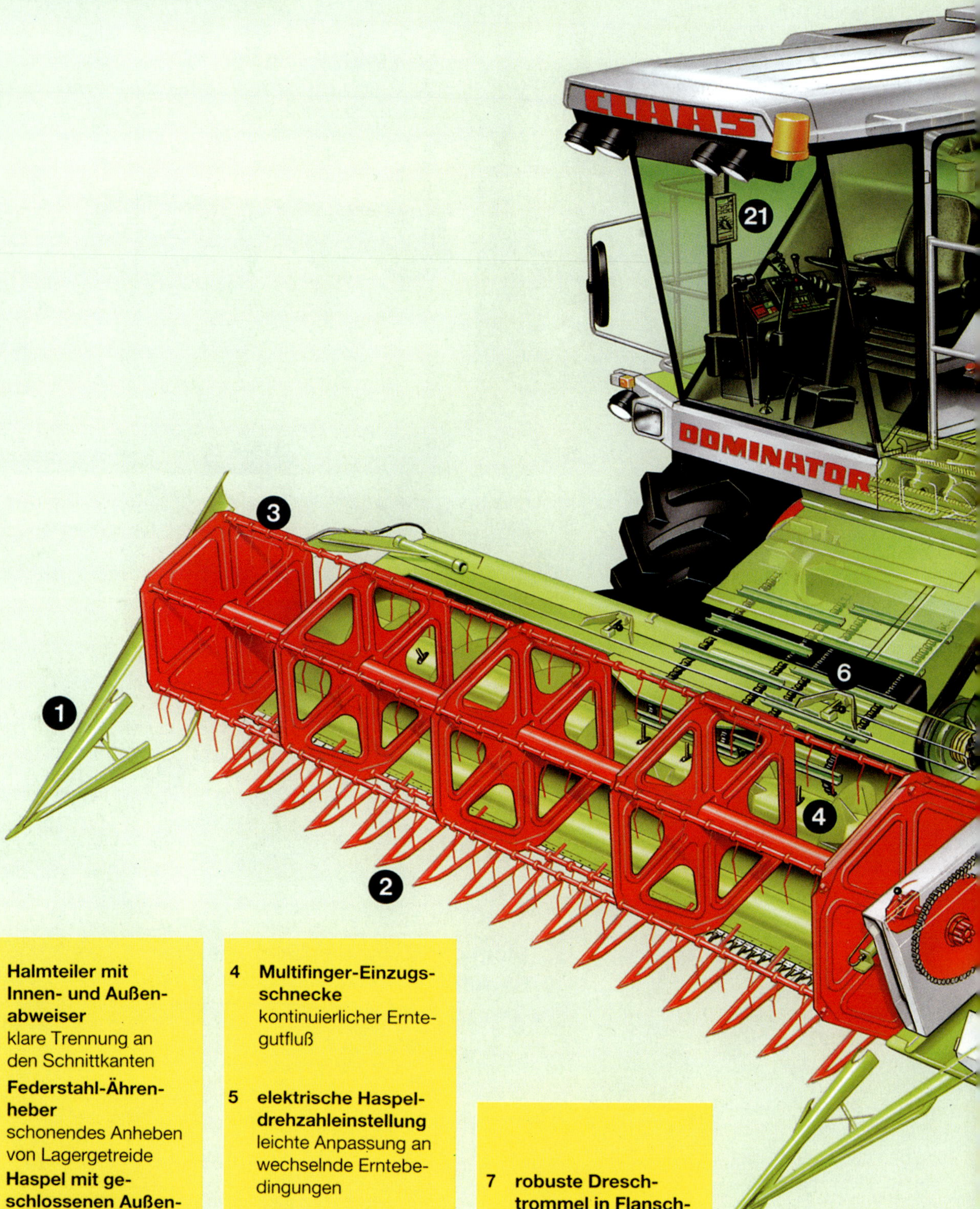

1 Halmteiler mit Innen- und Außenabweiser
klare Trennung an den Schnittkanten

2 Federstahl-Ährenheber
schonendes Anheben von Lagergetreide

3 Haspel mit geschlossenen Außensternen und gesteuerten Federzinken
ununterbrochene, gleichmäßige Zuführung des Schnittgutes zur Einzugsschnecke

4 Multifinger-Einzugsschnecke
kontinuierlicher Erntegutfluß

5 elektrische Haspeldrehzahleinstellung
leichte Anpassung an wechselnde Erntebedingungen

6 Universal-Schrägförderer für Getreide und Mais
sicherer Ernteguttransport zur Dreschtrommel

7 robuste Dreschtrommel in Flanschbauweise
idealer Trommeldurchmesser; enger Korbradius = frühe, schonende Abscheidung; schneller Umbau Getreide/Mais

8 Dreschkorb mit Momenteinstellung und Entgrannungseinrichtung
schnelles Anpassen

30

an unterschiedliche Erntebedingungen

9. **geteilter, herausziehbarer Vorbereitungsboden**
beste Vorsortierung des Erntegutes, leichte Reinigung

10 **Reinigungsgebläse mit elektrischer Windmengenverstellung**
hohe, stabile Windmenge über gesamter Siebfläche auch bei wechselnden Erntebedingungen

11 **großdimensionierte Körnerschnecke**
zügiger Transport des gereinigten Erntegutes

12 **Überkehrschnecke**
Rückführung der Überkehr zur Dreschtrommel, Kontrolle von Menge und Zusammensetzung vom Fahrerstand aus

13 **einstellbares unteres Lamellensieb**
genaue und schnelle Anpassung an alle Dreschfrüchte und an unterschiedliche Erntebedingungen

14 **langlippiges Lamellensieb mit getrennt einstellbarem Überkehrsieb**
hohe Siebleistung, optimale Windverteilung, sauberes Erntegut

15 **lange, breite, mehrstufige Hordenschüttler**
gründliche Abscheidung der Körner aus dem Stroh

16 **hocheffektiver Intensivschüttler**
erhöhte Durchsatzleistung durch zusätzliche Strohauflockerung

17 **großdimensionierte Korntankentleerungsschnecke**
Abtanken in Minutenschnelle

18 **Anbaustrohhäcksler mit Querschneide und zentraler Streublecheinstellung**
ausgezeichnete Häckselqualität, gleichmäßige Verteilung über die gesamte Schnittbreite

19 **riesengroßer Korntank**
außergewöhnliches Fassungsvermögen

20 **leistungsstarker Dieselmotor**
große Leistungsreserven für schwierige Einsatzverhältnisse, leistungsbetonte Kraftübertragung durch Verbundriemen

21 **geräuscharme (unter 80 dB) Vollsichtkabine**
modernster Fahr-, Bedien- und Kontrollkomfort, ein Arbeitsplatz der Spitzenklasse

31

MAXI

Technische Daten

TYP		MAXI 108 SL	MAXI 98 SL	MAXI 88 SL
Schneidwerk mit Sofort-Stop-Einrichtung	m	4,5/5,1/6,0	3,9/4,5/5,1	3,6/3,9/4,5/5,1
Abstand Einzugswalze – Messer	mm	620	620	620
Schnittfrequenz	Hübe/min	1060	1060	1060
Multifinger – Einzugswalze	+/–	+	+	+
Haspeldrehzahlverstellung elektrisch	U/min	12-47	12-47	12-47
Haspelhorizontalverstellung hydraulisch	+/–	+	+	+
Schnitthöhenvorwahl	+/–	+	+	+
Contour	+/–	+	+	+
Auto-Contour	+/–	+	+	+
Trommelbreite	m	1,58	1,32	1,32
Trommeldurchmesser	mm	450	450	450
Trommeldrehzahl ohne Reduziergetriebe	U/min	650-1500	650-1500	650-1500
Trommeldrehzahl mit Reduziergetriebe	U/min	280-1500	280-1500	280-1500
Umfangsgeschwindigkeit ohne Reduziergetriebe	m/sec	15,3-35,3	15,3-35,3	15,3-35,3
Umfangsgeschwindigkeit mit Reduziergetriebe	m/sec	6,59-35,3	6,59-35,3	6,59-35,3
Umschlingungswinkel	Grad	117	117	117
Korbverstellung: 2 Hebel (proportional + Ausgang separat)	+/–	+	+	+
Flanschbauweise	+/–	+	+	+
Spannautomatik	+/–	+	+	+
Schüttlerhorden	Anz.	6	5	5
Schüttlerfallstufen	Anz.	4	4	4
Schüttlerlänge	m	4,40	4,40	3,90

		MAXI 108 SL	MAXI 98 SL	MAXI 88 SL
üttlerfläche	m²	7,00	5,80	5,15
cheidefläche	m²	7,95	6,60	5,95
nsivschüttler	Anz.	2	2	2
amte effektive Abscheidefläche	m²	9,75	8,10	7,45
ne Schüttler	+/–	+	+	+
fläche	m³	5,10	4,25	4,25
läse	Art	Turbine	Radial	Radial
läseverstellung aus der Kabine	+/–	+	+	+
eilter Siebkasten	+/–	+	+	+
ausnehmbarer Vorbereitungsboden	+/–	+	+	+
-Reinigung	+/–	+	+	+
rkehrrückführung zur Trommel ehbar während der Fahrt	+/–	+	+	+
ntankinhalt	l	7500	6200	5200
wenkwinkel Auslaufrohr	Grad	105	105	105
or Mercedes Benz	kW/PS	OM 366 LA (163/221)	OM 366 LA (147/200)	OM 366 A (118/160)
ktoranlage	+/–	+	+	+
tstofftankinhalt	l	400	400	300
rantrieb	Art	hydrostatisch	hydrostatisch	hydrostatisch
vicht ohne Schneidwerk	kg	10050	9050	8330

ja bzw. möglich (Serie oder Wahl nach aktueller Preisliste) – = nein bzw. nicht möglich

rungen vorbehalten! Angaben und Abbildungen sind als annähernd zu betrachten und können auch nicht zum serienmäßigen Umfang gehörende Sonderausstattungen enthalten.

Erntespezialist CLAAS bietet Ihnen das umfangreichste Zubehör-Angebot für Mähdrescher. rzu zählen beispielsweise AUTO-CONTOUR, Motorwächter, AUTOPILOT, 4-TRAC-System, viele Spezial- eifungen usw. Ihr CLAAS-Vertriebspartner berät Sie über Ihre maßgeschneiderte Erntelösung.

CLAAS macht den Hang zur Ebene.

Nach neuesten wissenschaftlichen Untersuchungen führen schon sehr geringe seitliche Hangneigungen zu erhöhten Reinigungsverlusten bzw. zu erheblicher Durchsatzminderung. Deshalb bietet CLAAS für sämtliche Mähdrescher-Modelle den dynamischen Hangausgleich, die CLAAS-3-D-Reinigung. Sie ermöglicht wirtschaftliches Ernten auch in hügeligem Gelände: Sogar noch bei Hangneigungen bis zu 20 % kann mit der gleichen Arbeitsgeschwindigkeit wie in der Ebene weitergedroschen werden.

Hangaufwärts gerichtete Schwingbewegungen der Siebe erzielen den 3-D-Effekt. Sie sind in Stärke und Richtung abhängig von der Hanglage und -neigung. Der Siebkasten selbst pendelt nicht. Zusätzliche Antriebe und eine komplizierte Steuerungselektrik gibt es nicht.

Die vorhandene Hydraulik des Mähdreschers steuert den dynamischen Hangausgleich vollautomatisch.

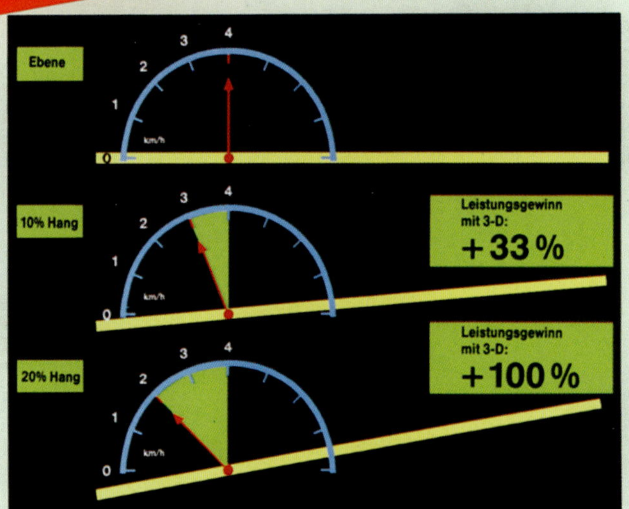

Gute Sicht auch auf das Korntankauslaufrohr. Es kann während des Entladens bis auf 105° geschwenkt werden. Schnell ist der riesige Korntank mit 72 l/sec Förderleistung entleert. Beschädigte Körner durch Kreuzgelenke im Gutstrom gibt es nicht. Der außenliegende Winkelantrieb sichert eine störungsfreie Entleerung.

25

CLAAS „Commandor 228 CS“ 1992 bis 1995

COMMANDOR 228 CS

Spitzenqualität rundum

1 **Halmteiler mit Innen- und Außenabweiser** klare Trennung an den Schnittkanten

2 **Federstahl-Ährenheber** schonendes Anheben von Lagergetreide

3 **Haspel mit geschlossenen Außensternen und gesteuerten Federzinken** ununterbrochene, gleichmäßige Zuführung des Schnittgutes zur Einzugsschnecke

4 **Multifinger-Einzugsschnecke** kontinuierlicher Erntegutfluß

5 **elektrische Haspeldrehzahleinstellung**

6 **hydraulische Haspelhöheneinstellung**

7 **hydraulische Haspelhorizontaleinstellung** schnelle Anpassung an wechselnde Ernteverhältnisse

8 **Universal-Schrägförderer für Getreide und Mais** sicherer Ernteguttransport zur Dreschtrommel

9 **geräumige Steinfangmulde** sinnvoller Schutz vor Fremdkörpern, von außen ohne Werkzeug leicht zu entleeren

10 **Dreschkorb mit Momenteinstellung und Entgrannungseinrichtung** schnelles Anpassen an unterschiedliche Erntebedingungen

11 **robuste Dreschtrommel in Flanschbauweise** idealer Trommeldurchmesser/enger Korbradius für frühe, schonende Abscheidung, schneller Umbau Getreide/Mais

12 **Zwangsabscheidung, bestehend aus acht Multigrip-Abscheidezylindern und**

CLAAS „Commandor 228 CS" 1992 bis 1995

13 acht Abscheidekörben (Universal-Mix)
hochintensive Kornabscheidung, gradliniger Strohfluß, absolute Hangsicherheit

14 getrennt angetriebener Rücklaufboden
sicherer Gurttransport, leichte Reinigung

15 elektrisch einstellbares Mehrfach-Turbinengebläse
hohe, stabile Windmenge über gesamter Siebfläche

16 geteilter, herausziehbarer Vorbereitungsboden
beste Vorsortierung des Erntegutes, leichte Reinigung

17 druckwindbelüftete Doppelfallstufen
gründliches Absondern der Spreu

18 einstellbares oberes Lamellensieb

19 und unteres Lamellensieb
genaue und schnelle Anpassung an alle Druschfrüchte und an unterschiedliche Erntebedingungen

20 großdimensionierte Körnerschnecke
zügiger Transport des gereinigten Erntegutes

21 Überkehrschnecke
Rückführung der Überkehr zur Dreschtrommel, Kontrolle von Menge und Zusammensetzung vom Fahrersitz aus

22 riesengroßer Korntank
enormes Fassungsvermögen bis zu 10.000 l (ca. 8 t Weizen)

23 hydraulisch schwenkbares Auslaufrohr (105°)
Korntankentleerung in jeder Stellung und bei jeder Wagenhöhe

24 leistungsstarker Daimler-Benz-Turbo-Motor
immense Leistungsreserven für schwierige Einsatzverhältnisse, leistungsbetonte Kraftübertragung durch Verbundriemen

25 geräuscharme Vollsichtkabine unter 80 dB (A)
modernster Fahr-, Bedien- und Kontrollkomfort, ein Arbeitsplatz der Spitzenklasse

26 Anbaustrohhäcksler mit Querschneide und zentraler Streublecheinstellung
ausgezeichnete Häckselqualität, gleichmäßige Verteilung über die gesamte Schnittbreite

CLAAS „Commandor 228 CS“ 1992 bis 1995

Technische Daten

COMMANDOR	228 CS
Schneidwerk mit Sofortstopeinrichtung und Multifinger-Einzugsschnecke Schnittbreite, m	6,00
Schnitthöhenverstellung hydraulisch von – 360 bis + 1300 mm	●
Auto-Contour Schnitthöhenvorwahl + Entlastungsanzeige	●
Bodenanpassung automatisch mit 2 Spiralfedern	●
Halmteiler/Ährenheber	2/20
Mähmesser (1060 Hübe/min)	2
Federzinkenhaspel 6teilig, hydraulisch höhen- und horizontal- einstellbar, Drehzahl von 14 bis 55/min, vom Fahrersitz aus elektrisch einstellbar	●
Abstand Fingerspitze bis Einzugsschneckenkörper, mm	620
Schrägförderer Ketten mit aufgeschraubten Förderleisten (U-Profil)	4
Schnellstop-Einrichtung elektrische Reversiereinrichtung	● ●
Schneidwerkskupplung (Niederdruckhydraulik)	●
Dreschorgane Trommel in Flanschbauweise Entgrannereinrichtung, von außen schaltbar	●
Steinfangmulde, nach vorn zu entleeren	●
Trommelbreite, m	1,58
Trommeldurchmesser, mm	450
Trommeldrehzahlbereich, hydraulisch stufenlos von 650 bis 1500/min einstellbar elektronische Drehzahlanzeige	●
Schlagleisten	6
Trommelböden	7
Korbleisten	9
Korbverstellung mit 2 Hebeln	●
Dreschwerkskupplung (Niederdruckhydraulik)	●
Zwangsabscheidung Abscheidezylinder Drehzahl in vier Stufen, /min	8 430, 540, 650, 810
Abscheidekörbe (Universal-Mix) Abstände zu den Zylindern zentral einstellbar	8
Korbabscheidefläche, m²	6,35
Reinigung und Kornbergung Hochleistungs-Druckwindgebläse	6teilig
Windmenge, elektrisch vom Fahrerstand über Regeltrieb stufenlos einstellbar	●
Windrichtung von außen einstellbar	●
Vorbereitungsboden 2teilig, herausziehbar, mit Hangstegen, doppeltbelüftete Druckwindfallstufen	●
Ober- und Untersiebe = Lamellensiebe	●
Gesamtsiebfläche, m²	5,65
Überkehrrücklauf zur Dreschtrommel	●
Korntankinhalt, Liter	10.000 (ca. 8,0 t Weizen)

COMMANDOR	228 CS
Korntankauslaufrohr, hydraulisch schwenk- bar bis 105°, in jeder Position einschaltbar	●
Korntank-Entleerungskupplung (Niederdruckhydraulik)	●
Antrieb und Fahrwerk Motor, wassergekühlt	Daimler-Benz OH 443 V-10, 242 kW (330 PS)
Hubraum, Liter	18,3
Kraftstofftank, Liter	650
Fahrantrieb, hydrostatisch, mit 3 Schaltstufen	●
Bremsen mit astbestfreien Bremsbelägen; hydraulische Fußbremse, auch als Einzelradbremse wirkend; mechanische Feststellbremse	●
Bereifung vorn hinten	24,5-32 16 PR TT 500/60-22,5 8 PR TT
Transportbreite, m	3,40
Spurweite, einstellbar, m vorn hinten	2,74 2,60 oder 2,90 m
Radstand, m	3,65
Lenkung, hydrostatisch	●
Fahrerstand komfortable Vollsichtkabine mit Lüfter und Filter Kompressor-Kühlanlage und Heizung	 ● ●
Funktionskontrolle durch Kontrollampen im Ernteinformator	●
Elektronische Durchsatzkontrolle	●
Automatische Staub-Absauganlage für den Luftfilter	●
Maße und Gewichte Höhe (Oberkante Korntank), m Länge (ohne Schneidwerk), m Breite (ohne Schneidwerk), m Gewicht (ohne Schneidwerk), kg (mit Schneidwerk), kg	 3,83 7,56 3,47 ca. 12.530 ca. 14.080
Sonderausrüstungen Hangausrüstung: 3-D-Reinigung, dynamischer Hangausgleich für Siebkasten mit automatischer Regelung	○
Schneidwerk, m Schnitthöhenanzeige, elektrisch Abscheidekörbe, elektrisch einstellbar	5,10/6,60 ○ ○
Bordinformator	○
Strohhäcksler mit Zentraleinstellung oder elektrisch	○
Spreuverteiler	○
größere Bereifung	○
Zwillingsbereifung	○
Terrabereifung	○
CLAAS 4-trac-System angetriebene Lenkachse mit Bereifung 500/60-225	○
Maispflückvorsätze Pflückplatteneinstellung, hydraulisch	5-, 6- oder 8reihig ○
Hinterpflücker-Häcksler zum Maispflücker	○
CLAAS-Autopilot	○
Transportwagen für Getreideschneidwerke und Pflückvorsätze	○

Weitere Sonderausstattungen siehe Preisliste.

Zeichenerklärung ● = Serie ○ = Wahlausrüstung – = nicht lieferbar

Änderungen vorbehalten! Angaben und Abbildungen sind als annähernd zu betrachten und können auch nicht zum serienmäßigen Umfang gehörende Sonderausstattungen enthalten.

CLAAS „Commandor 228 CS“ 1992 bis 1995

CLAAS „Mega“ 1993 bis heute

Voraussetzung für MEGA-Leistung

Lohnunternehmer müssen heute noch häufig von einem Feld zum anderen wechseln. Das heißt, Schneidwerk abbauen, Transportwagen anhängen, Schneidwerk anbauen. Trotz vieler Verbesserungen, Schnellverschlüssen usw. kostet das Zeit. Zeit, die zum Dreschen verlorengeht.

Die Lösung: das klappbare Schneidwerk von CLAAS. Nach Entriegelung der Sicherung schwenkt das Schneidwerk hydraulisch von Arbeits- in Transportstellung.

Jetzt nur noch Halmteiler einklappen, Warntafeln anbringen und schon geht's auf die Straße.

Auf dem neuen Feld angekommen, das gleiche in umgekehrter Reihenfolge und ab ins Feld.

Wieder ein leistungssteigernder Vorteil von CLAAS. Im Schnitt sparen Sie so an einem Tage bis zu zwei Stunden, können Ihren Mähdrescher besser auslasten, oder Ihr Fahrer hat früher Feierabend und kostet weniger Geld. So wird der Mähdreschereinsatz wirtschaftlicher. Das klappbare Schneidwerk gibt es mit 4,5 m Arbeitsbreite und auf Wunsch sogar mit AUTO-CONTOUR.

Die Einzugsschnecke mit den gesteuerten Zinken auf voller Arbeitsbreite, zusammen mit den Schneckengängen, garantiert gleichmäßigen Ernteguttransport. Grundvoraussetzung für hohe Leistung.

Der Schrägförderer ist robust gebaut. Er trägt auch breiteste Schneidwerke und Maispflücker sicher. Die robusten Förderketten mit aufgeschraubten Leisten sind auch für die Maisernte geeignet. Die Schneidwerksentlastung erfolgt über einstellbare Schraubenfedern.

5

AUTO-CONTOUR – das intelligente Schneidwerk

Ein MEGA verlangt geradezu nach einem breiten Schneidwerk. Denn nur so kann diese neue Leistungsdimension auch wirtschaftlich genutzt werden. Breite Schneidwerke verlangen jedoch auch nach möglichst ebenem Gelände. Dann kann die Stoppelhöhe auf der gesamten Arbeitsbreite gleichgehalten werden.

Bei Hanglagen, bei welligem Boden, bei Lagergetreide treten jedoch schnell Probleme auf. Natürlich hat CLAAS auch hier eine praxiserprobte Lösung: AUTO-CONTOUR, das denkende Schneidwerk.

Bei der Arbeit am Seitenhang wird der talwärts mähende Teil des Schneidwerks durch den gegenüber der Ebene veränderten Schwerpunkt immer tiefer mähen als der bergwärts gerichtete. Im Extremfall schwebt die Bergseite in der Luft während die Talseite bereits den Boden pflügt.

Ein zweites Problem sind die Bodenwellen in Fahrtrichtung. Gerade bei der Arbeit im Lagergetreide, bei Dunkelheit oder in verunkrauteten Beständen treten hier häufig Schwierigkeiten auf, kommt es zu Störungen oder im Extremfall zu Schäden am Schneidwerk.

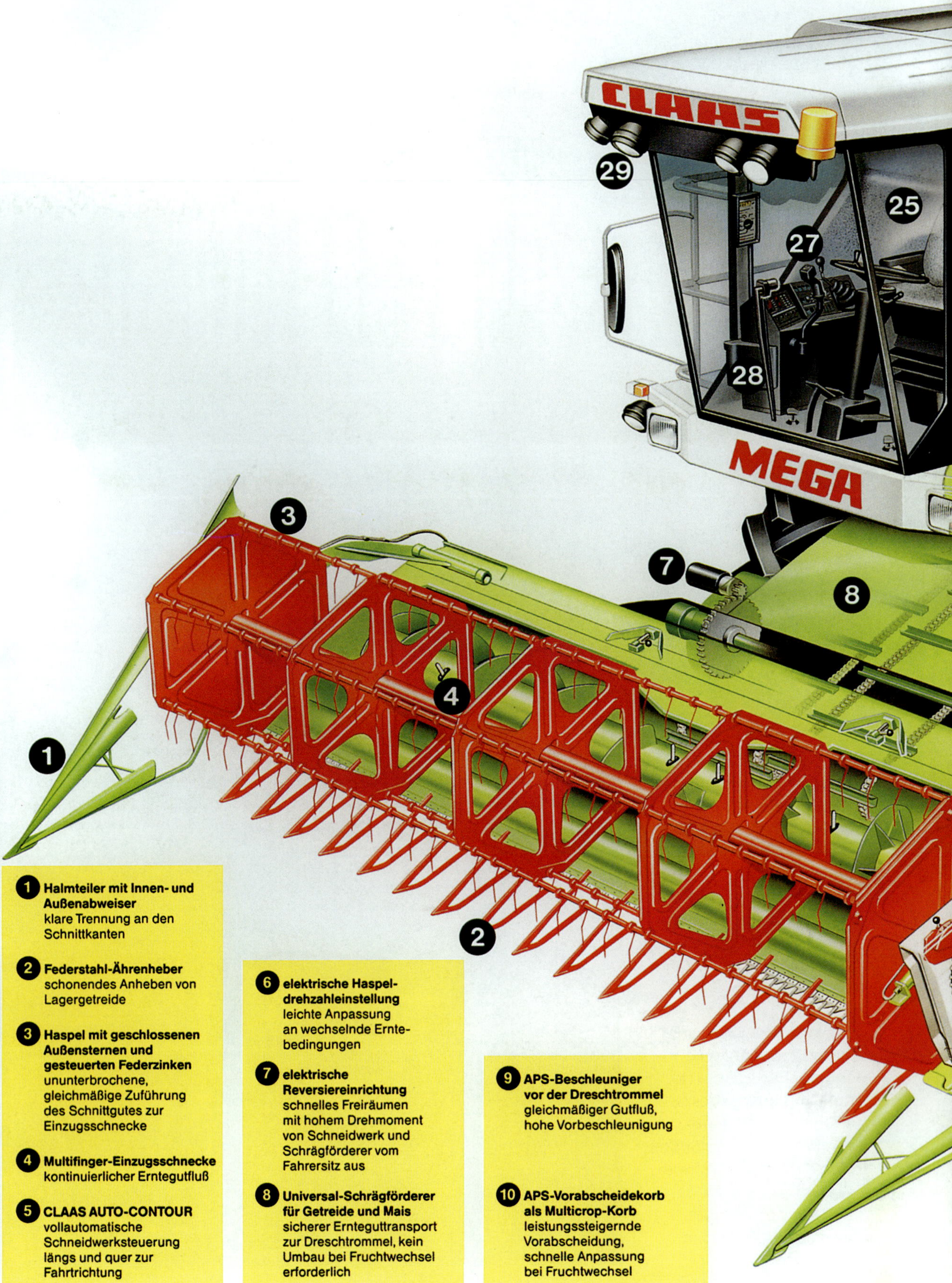

1 Halmteiler mit Innen- und Außenabweiser
klare Trennung an den Schnittkanten

2 Federstahl-Ährenheber
schonendes Anheben von Lagergetreide

3 Haspel mit geschlossenen Außensternen und gesteuerten Federzinken
ununterbrochene, gleichmäßige Zuführung des Schnittgutes zur Einzugsschnecke

4 Multifinger-Einzugsschnecke
kontinuierlicher Erntegutfluß

5 CLAAS AUTO-CONTOUR
vollautomatische Schneidwerksteuerung längs und quer zur Fahrtrichtung

6 elektrische Haspel-drehzahleinstellung
leichte Anpassung an wechselnde Ernte-bedingungen

7 elektrische Reversiereinrichtung
schnelles Freiräumen mit hohem Drehmoment von Schneidwerk und Schrägförderer vom Fahrersitz aus

8 Universal-Schrägförderer für Getreide und Mais
sicherer Ernteguttransport zur Dreschtrommel, kein Umbau bei Fruchtwechsel erforderlich

9 APS-Beschleuniger vor der Dreschtrommel
gleichmäßiger Gutfluß, hohe Vorbeschleunigung

10 APS-Vorabscheidekorb als Multicrop-Korb
leistungssteigernde Vorabscheidung, schnelle Anpassung bei Fruchtwechsel

11 robuste APS-Dreschtrommel
Hochleistungsaggregat für alle Dreschfrüchte

12 APS-Universal-Dreschkorb
151° Umschlingungswinkel steigert Abscheideleistung

13 geteilter, herausziehbarer Vorbereitungsboden
beste Vorsortierung des Erntegutes, leichte Reinigung

14 leistungsstarkes Turbinengebläse
hohe, stabile Windmenge und gleichmäßige Windverteilung über die gesamte Siebkastenbreite

15 doppelt belüftete Fallstufe
hohe Reinigungsleistung bereits am Siebanfang

16 großdimensionierte Körnerschnecke
zügiger Transport des gereinigten Erntegutes

17 Überkehrschnecke
Rückführung der Überkehr zur Dreschtrommel, Kontrolle von Menge und Zusammensetzung vom Fahrerstand aus

18 langlippiges Lamellensieb – getrennt einstellbares Überkehrsieb
hohe Siebleistung, optimale Windverteilung, sauberes Erntegut

19 einstellbares unteres Lamellensieb
genaue und schnelle Anpassung an alle Dreschfrüchte und an unterschiedliche Erntebedingungen

20 großdimensionierte Korntankentleerungsschnecke
Abtanken in Minutenschnelle

21 hocheffektiver Intensivschüttler, mehrstufige Hordenschüttler und Rafferzinken
gründlichste Abscheidung der Restkörner aus dem Stroh, erhöhte Durchsatzleistung durch zusätzliche Strohauflockerung

22 Strohhäcksler mit elektrischer Streublecheinstellung
ausgezeichnete Häckselqualität, gleichmäßige Verteilung über die gesamte Schnittbreite

23 riesengroßer Korntank
außergewöhnliches Fassungsvermögen

24 leistungsstarker Dieselmotor
große Leistungsreserven für schwierige Einsatzverhältnisse, niedriger Kraftstoffverbrauch durch APS

25 geräuscharme Vollsichtkabine
modernster Fahr-, Bedien- und Kontrollkomfort, ein Arbeitsplatz der Spitzenklasse, ruhiger Lauf der Maschine durch APS

26 Komfortschalter mit Quick-Stop
elektrohydraulische Ein- und Ausschaltung von Schneid- und Dreschwerk

27 Multifunktionsgriff
wichtige Maschinenfunktionen mit einer Hand steuerbar

28 Instrumentenkonsole
Anzeige-, Kontroll- und Bedienungselemente übersichtlich zusammengefaßt

29 Arbeitsscheinwerfer
volle Ausleuchtung des Einzugsbereichs bei Dunkelheit

Technische Daten

Modell		MEGA 218	MEGA 208	MEGA 204	MEGA 203	MEGA 202
Schneidwerksbreite	m	5,10/6,00/6,60	5,10/6,00/6,60	4,50/5,10/6,00	4,50/5,10	3,90/4,50/5,1
Abstand Messer – Einzugsschnecke	mm	620	620	620	620	620
Schnittfrequenz	Hübe/min	1060	1060	1060	1060	1060
Multifinger-Einzugsschnecke		ja	ja	ja	ja	ja
Haspeldrehzahlverstellung, elektrisch	U/min	12–47	12–47	12–47	12–47	12–47
Haspelhorizontalverstellung, hydraulisch		ja	ja	ja	ja	ja
Contour		ja	ja	ja	ja	ja
AUTO-CONTOUR		Serie	auf Wunsch	auf Wunsch	–	–
Beschleuniger, Drehzahl		80% der Dreschtrommel	80% der Dreschtrommel	80% der Dreschtrommel	80% der Dreschtrommel	80% der Dreschtromme
Multicrop-Dreschwerk	Breite in m	1,58	1,58	1,32	1,32	1,32
Trommeldurchmesser	mm	450	450	450	450	450
Trommeldrehzahl ohne Reduziergetriebe	U/min	650–1500	650–1500	650–1500	650–1500	650–1500
Trommeldrehzahl mit Reduziergetriebe	U/min	280–1500	280–1500	280–1500	280–1500	280–1500
Umfangsgeschwindigkeit Trommel ohne Reduziergetriebe	m/sek	15,3–35,3	15,3–35,3	15,3–35,3	15,3–35,3	15,3–35,3
Umfangsgeschwindigkeit Trommel mit Reduziergetriebe	m/sek	6,59–35,3	6,59–35,3	6,59–35,3	6,59–35,3	6,59–35,3
Trommel in Flanschbauweise		ja	ja	ja	ja	ja
Spannautomatik Trommelvariator		ja	ja	ja	ja	ja
Umschlingungswinkel Vorabscheidekorb	Grad	84	84	84	84	84
Umschlingungswinkel Dreschkorb	Grad	151	151	151	151	151
Korbverstellung 1 Hebel für beide Körbe proportional		ja	ja	ja	ja	ja
Schüttlerhorden	Anzahl	6	6	5	5	5
Schüttlerfallstufen	Anzahl	4	4	4	4	4
Schüttlerlänge	m	4,40	4,40	4,40	4,40	3,90
Schüttlerfläche	m²	7,00	7,00	5,80	5,80	5,15
Abscheidefläche	m²	8,67	8,67	7,22	7,22	6,56

odell		MEGA 218	MEGA 208	MEGA 204	MEGA 203	MEGA 202
ensivschüttler	Anzahl	2	2	2	2	2
esamte effektive Abscheidefläche	m²	12,03	12,03	10,05	10,05	9,13
fene Schüttler		ja	ja	ja	ja	ja
esamtsiebfläche	m²	5,65	5,65	4,70	4,25	4,25
bläse	Art	Turbine	Turbine	Turbine	Radial	Radial
ebläseverstellung, elektrisch		ja	ja	ja	ja	ja
teilter Siebkasten		ja	ja	ja	ja	ja
ppelte Fallstufe, druckwindbelüftet		ja	ja	ja	nein	nein
rausnehmbarer Vorbereitungsboden		ja	ja	ja	ja	ja
D-Reinigung		auf Wunsch	auf Wunsch	auf Wunsch	auf Wunsch	auf Wunsch
erkehrrückführung zum Beschleuniger, ährend der Fahrt einsehbar		ja	ja	ja	ja	ja
rntankinhalt	l	7500	7500	6200	6200	5200
hwenkwinkel Auslaufrohr	Grad	105	105	105	105	105
otor	Typ	MB OM 441 A	MB OM 366 LA	MB OM 366 LA	Perkins 1006.6 T	Perkins 1006.6 T
otorleistung	kW/PS	199/270	176/235	147/200	125/170	118/160
ektoranlage		ja	ja	ja	ja	ja
aftstofftankinhalt	l	500	500	400	400	300
hrantrieb	Art	hydrostatisch	hydrostatisch	hydrostatisch	hydrostatisch	hydrostatisch
wicht ohne Schneidwerk	kg	11060	10550	9050	8610	8510

AAS ist ständig bemüht, alle Produkte den Anforderungen der Praxis anzupassen. Deshalb sind Änderungen vorbehalten. Angaben und Abbildungen sind als nähernd zu betrachten und können auch nicht zum serienmäßigen Lieferumfang gehörende Sonderausstattungen enthalten. Dieser Prospekt wurde für den ltweiten Einsatz gedruckt. Bitte beachten Sie bezüglich der technischen Ausstattung die Preisliste Ihres CLAAS-Vertriebspartners. Bei den Fotos wurden zum l Schutzvorrichtungen abgenommen, um die Funktion deutlich zu machen. Ab 1.1.95 werden alle Maschinen nach den geltenden Maschinenrichtlinien geliefert.

Körner im Geschwindigkeitsrausch

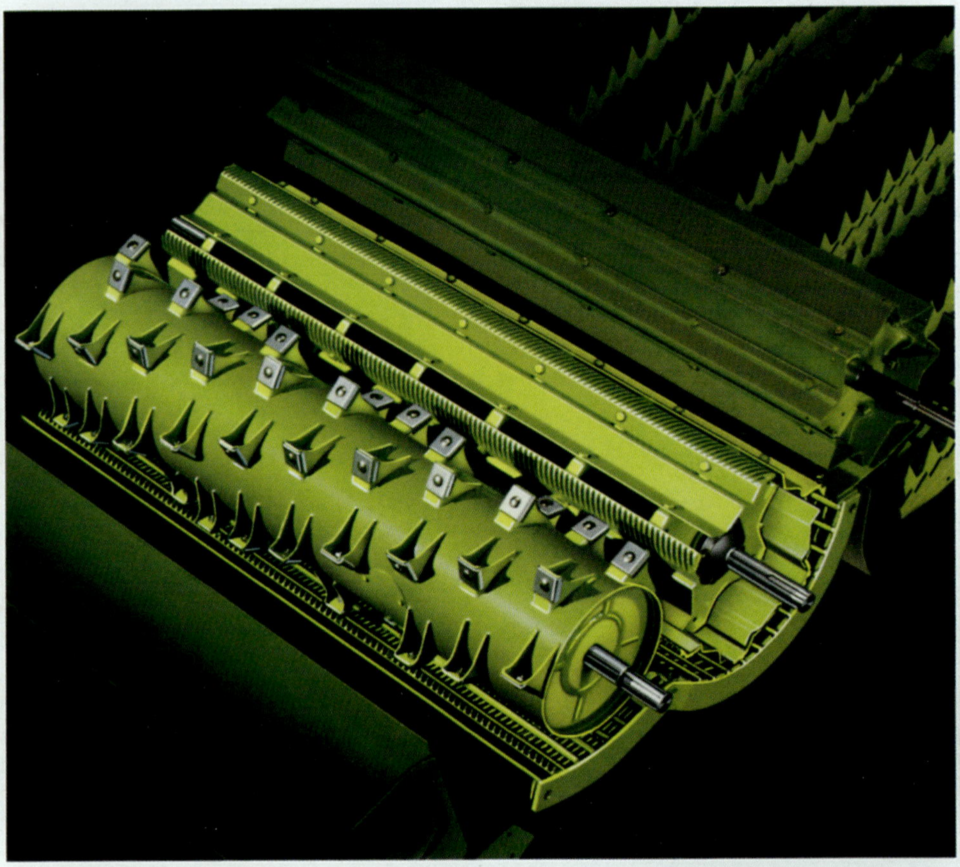

Die Drehzahlreduzierung der Dreschtrommel sichert schonendes Dreschen bei empfindlichen Früchten wie Mais, Erbsen oder Bohnen.

Die Geschwindigkeit des Erntegutes im Dreschwerk liegt normalerweise weit unterhalb der Umfangsgeschwindigkeit der Dreschtrommel. Die Beschleunigungstrommel des APS-Systems in den MEGA-Mähdreschern „schießt“ nun das Erntegut auf etwa 12 m/sek. Die Dreschtrommel gibt ihm einen weiteren Schub auf rund 20 m/sek. Ein Wert, den kein anderes Dreschwerk erreicht. Die Abscheidung wird dabei von zwei Faktoren bestimmt: von der Zentrifugalkraft, die die losen Körner durch die Korbzwischenräume katapultiert, und von der Beschleunigung, die das Erntegut auseinanderzieht. So wird erfolgreich mit hoher Leistung gedroschen.

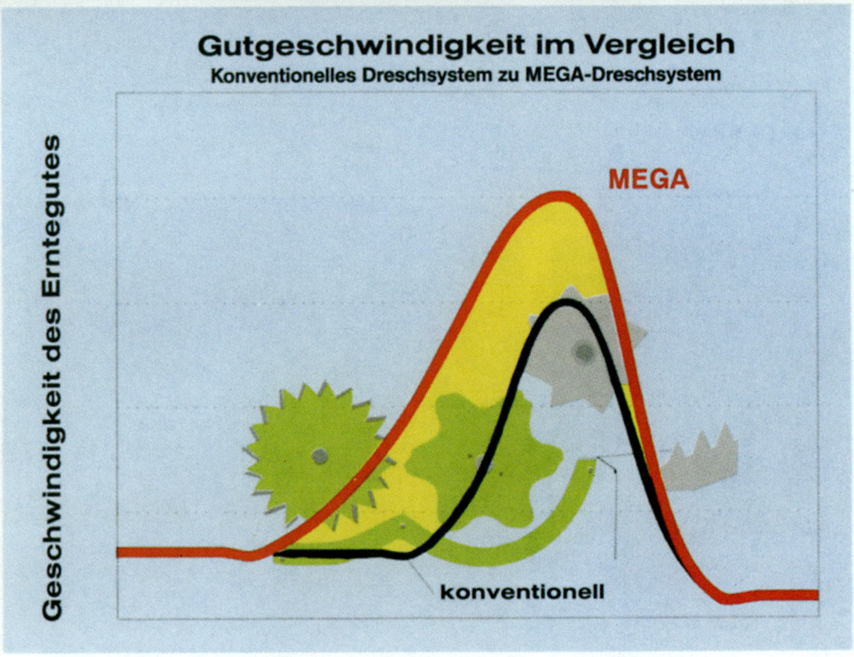

9

CLAAS „Lexion“ 1995 bis heute

Am besten Sie vergessen alles, was Sie über die Kabine eines Mähdreschers wissen. Vielleicht ist es das Lenkrad, das Sie noch an die Kabine alten Stils erinnert, aber sonst ist beim LEXION 480 alles noch besser auf den Fahrer abgestimmt.

Der Multifunktionsgriff mit erweiterten Funktionen für die Steuerung des Schneidwerks befindet sich bequem und ergonomisch in der individuell einstellbaren Armlehne.

Beim ersten Blick in die Kabine fällt der große Bildschirm auf. Er ist Ihre Kommunikationsschnittstelle zu CEBIS. CEBIS ist das zentrale Programm für die Einstellung und Bedienung des Ernteriesen LEXION 480. Hier kann der Fahrer die Maschine für die Erntebedingungen - nach vorgegebenen oder seinen Erfahrungswerten - einstellen. Außerdem erhält der Fahrer alle Informationen über den Betriebszustand seiner Maschine und wird vorsorglich und rechtzeitig gewarnt, wenn einer der eingestellten Werte nicht mehr eingehalten wird.

CEBIS ist der gute Geist des LEXION. Der große Bildschirm ist sicher ablesbar, verständliche deutliche Symbole erleichtern die Kommunikation und führen zu einem intuitiven Verstehen und Bedienen.

Durch die integrierte Leistungsmessung fährt der Fahrer diese Maschine immer im optimalen Bereich dicht an der Leistungsgrenze. Er leistet mit einem LEXION 480 also mit Sicherheit mehr, als die technischen Daten vermuten lassen.

CEBIS informiert den Fahrer auf übersichtlichen Bildschirmen.

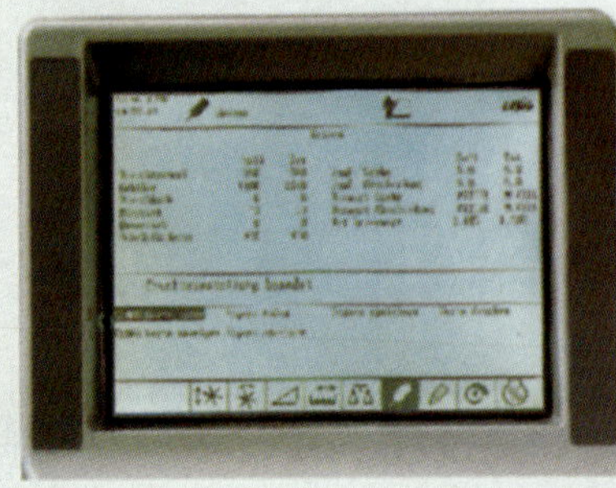

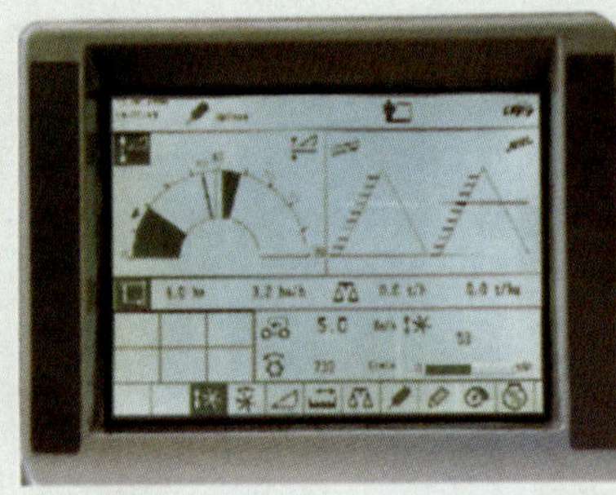

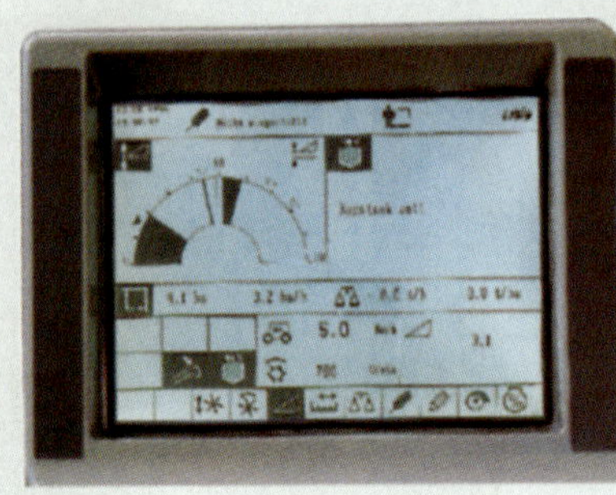

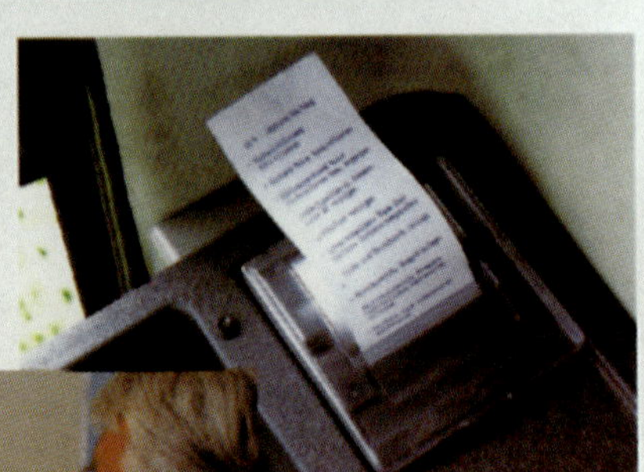

CEBIS ist die Basis für Ihr modernes Betriebsmanagement. Sie können die wichtigsten arbeitsbezogenen Daten ausdrucken und erhalten damit einen Beleg für Ihre Auftragsbearbeitung. Sie können jedoch auch alle diese Daten auf einer Chipkarte speichern und auf Ihrem PC weiter bearbeiten.

CEBIS wird zusätzlich - mit den Standortdaten von D-GPS - die Basis für eine moderne Ertragskartierung sein und liefert Ihnen damit die Daten für eine völlig neue zukunftsorientierte Betriebsführung. Der Begriff „Precision Farming“ wird Wirklichkeit.

Besondere Leistung verlangt nach besonderen Maßnahmen. Für die Abscheidung der letzten im Stroh verbliebenen Körner - der Restabscheidung - wurde für den LEXION 480 ein völlig neues Abscheidesystem entwickelt. ROTO PLUS steht für zwei Abscheiderotoren. Die Wendetrommel scheitelt das Stroh in zwei Gutströme und führt diese den beiden Rotoren zu.

Diese Rotoren fördern durch ihr schneckenförmiges Profil das Stroh aktiv nach hinten. Dabei wird es ständig umgeschichtet. Es wird eine hohe Gutgeschwindigkeit erzielt, so entstehen hohe Zentrifugalkräfte, die eine überaus effektive Zwangsabscheidung der Restkörner sicherstellen.

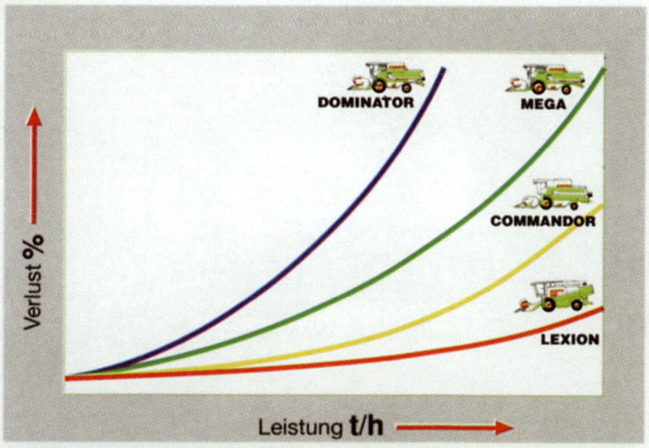

Die Grafik zeigt die Abscheidecharakteristik verschiedener Abscheidesysteme. Die ursprünglich sehr steil ansteigende Verlustkurve eines konventionellen Schüttlermähdreschers wurde durch das APS-Dreschsystem im MEGA deutlich flacher. Auch der COMMANDOR mit dem Cylinder-Abscheidesystem brachte eine wesentliche Verbesserung. Die absolute Spitze ist jedoch die Kombination eines APS-Dreschwerks mit der Zwangsabscheidung ROTO PLUS. Eine bisher nicht für möglich gehaltene flache Kennlinie sichert absolute Höchstleistung und ermöglicht, wenn es mal sein muß, den Einsatz des LEXION 480 vom frühen Morgen bis in die Nacht.

Jedes Detail für Höchstleistung gebaut

26

27

Technische Daten

Schneidwerksbreite
Klappbare Halmteiler
Abstand Messer-Einzugsschnecke
Schnittfrequenz
Multifinger-Einzugsschnecke
Haspeldrehzahlverstellung, elektrisch
AUTO-CONTOUR
Haspeldrehzahlautomatik
Haspelautomatik (nur CEBIS) Drehzahl/Höhe
Beschleuniger, Umfangsgeschwindigkeit der Dreschtrommel 80 %
Multicrop-Dreschwerk, Breite
Trommeldurchmesser
Trommeldrehzahl ohne Reduziergetriebe
Trommeldrehzahl mit Reduziergetriebe
Umfangsgeschwindigkeit, Trommel ohne Reduziergetriebe
Umfangsgeschwindigkeit, Trommel mit Reduziergetriebe
Synchronlaufende Wendetrommel
Spannautomatik Trommelvariator
Umschlingungswinkel Vorabscheidekorb
Umschlingungswinkel Dreschkorb
Korbverstellung, elektrohydraulisch mit Überlastsicherung
Abscheiderotoren ROTO PLUS-System
Rotorendrehzahl
Rotorenlänge
Rotorendurchmesser
Reinigung
Gesamtsiebfläche
Siebverstellung, elektrisch
Gebläse
Gebläseverstellung, elektrisch
Geteilter Siebkasten
Doppelte Fallstufe, druckwindbelüftet
Herausnehmbarer Vorbereitungsboden
3-D-Reinigung
Überkehrrückführung zum Beschleuniger, während der Fahrt einsehbar
Korntankinhalt
Entleerungsleistung
Schwenkwinkel Auslaufrohr
Ertragsmeßgerät QUANTIMETER
Überladehöhe der Obenentleerung
Motor
Motorleistung
Kraftstofftankinhalt
Fahrantrieb
Bereifung vorn

Bereifung hinten

CLAAS VISTA CAB
Komfortkabine mit Klimaanlage und Heizung (auf Wunsch)
Luftgefederter Fahrersessel, Beifahrersitz
Multifunktionsgriff mit 10 Bedienfunktionen
CEBIS, zur Einstellung und Kontrolle aller Maschinenfunktionen

Maße und Gewichte
Höhe (Transportstellung)
Länge ohne Schneidwerk
Breite ohne Schneidwerk mit Bereifung 650/75 R 32
Breite ohne Schneidwerk mit Bereifung 800/65 R 32

Gewicht ohne Schneidwerk ca.

Zusatzausrüstungen
CLAAS 4-trac-System mit einstellbarer Spur
Maispflückvorsätze, 6- und 8reihig
Pflückplatteneinstellung, hydraulisch
CLAAS AUTOPILOT
Transportwagen für Getreideschneidwerke (Maispflücker)

28

TÜV CERT
DIN EN ISO 9001
08/100/9272/5

CLAAS schont die Umwelt.
Das Papier für diesen Prospekt
wurde aus 100 % chlorfrei
gebleichtem Zellstoff hergestellt.

	6,60/7,50/9,00
	ja
m	580
ibe/min	1120
	ja
min	15 - 57
	Serie
	auf Wunsch
	auf Wunsch
	ja
m	1700
m	600
min	362-1050
min	158 - 457 / 360 - 1050
/sec	11,4-33,0
/sec	5,0 - 14,4 / 11,4 - 33,0
	ja
	ja
ad	90
ad	142
	Serie
	2
min	960/800/640/(500)
m	4200
m	445
	5,80
rie	
	Turbine, 6-fach
	ja
	ja
ot.	
	ja
	10500
	100
ad	101
	Opt.
n	4530
p	OM441LA
V/PS	276/375
	650 Zusatzkraftstofftank 180 l Option
	Hydro
	650/75 R 32
	710/75 R 34
	800/65 R 32
	73/44.00-32 Terra
	18,4 R 38 als ZW
	16,5/85-24
	500/60-26,5
	600/55-26,5
n	3870
n	8440
n	3500
n	3900
	14000

CLAAS ist ständig bemüht, alle Produkte den Anforderungen der Praxis anzupassen. Deshalb sind Änderungen vorbehalten. Angaben und Abbildungen sind als annähernd zu betrachten und können auch nicht zum serienmäßigen Lieferumfang gehörende Sonderausstattungen enthalten. Dieser Prospekt wurde für den weltweiten Einsatz gedruckt. Bitte beachten Sie bezüglich der technischen Ausstattung die Preisliste Ihres CLAAS-Vertriebspartners. Bei den Fotos wurden zum Teil Schutzvorrichtungen abgenommen, um die Funktion deutlich zu machen. Alle Maschinen werden nach den geltenden Maschinenrichtlinien geliefert.

Weitere Nutzfahrzeugbücher des Podszun-Verlags:

Michael Bach / Wolfgang Wagner
Prospekte berühmter Traktoren 1914–1945

Michael Bach / Wolfgang Wagner
Prospekte berühmter Traktoren der fünfziger Jahre

Walter Sack
Eicher Traktoren & Landmaschinen

Walter Sack
Güldner Traktoren und Motoren

Rudi Heppe
Claas Mähdrescher-Prospekte von 1934 bis heute

Bernd Regenberg
Die deutschen Lastwagen der Wirtschaftswunderzeit
Band 1: Vom Dreiradlieferwagen zum Viereinhalbtonner
Band 2: Mittlere und schwere Fahrzeuge
Band 3: Omnibusse

Bernd Regenberg
Die deutschen Lastwagen der sechziger Jahre
Band 1: Büssing, Faun, Hanomag, Henschel

Bernd Regenberg
Das Lastwagen-Album Krupp

Bernd Regenberg
Das Lastwagen-Album Büssing

Bernd Regenberg
Die berühmtesten deutschen Lastwagen von 1896 bis heute

Reinald Schumann
Tempo – eine Chronik

Christian Suhr
Mit dem Omnibus bergauf – die KVG Sachsen

Eckhart Bartels
Opel Fahrzeug-Chronik 1887–1996

Verschiedene Autoren
Jahrbuch Traktoren (erscheint jährlich neu)
Jahrbuch Feuerwehrfahrzeuge (erscheint jährlich neu)
Jahrbuch Lastwagen (erscheint jährlich neu)

Winfried Römer
Berühmte Flugzeuge

Herbert Schleich & Heribert Steingaß
Berühmte deutsche Lokomotiven

Dieter Hasemann
Die Geschichte der Scania Feuerwehrfahrzeuge

Dieter Hasemann
Deutsche Drehleitern für die Feuerwehren der Welt

Axel Johanßen
Deutsche Feuerwehrfahrzeuge aller Zeiten

Hans-Jörg Schierz
Berliner Feuerwehrfahrzeuge von 1960 bis heute